U0272635

内容简介

　　作为普通高等教育农业农村部"十三五"规划教材，本书力求简明、通俗、实用，适应种植、养殖等大农学类专业人才培养需要。全书涵盖了农业推广的核心内容，主要内容包括农业推广的基本概念与原理、农业推广对象的行为、农业推广沟通、农业推广的基本方法、农业科技成果推广、农业推广信息服务、农业推广组织与管理、农业推广人员与管理、农业推广项目计划与管理、农业推广工作评价等。

　　本书既可用作农业推广学本科生的教材，又可用作高等院校各相关专业研究生的教材，同时还可作为农村发展与推广、农业经济管理以及农业科技与公共管理从业者的参考书。

普通高等教育农业农村部"十三五"规划教材
全国高等农林院校"十三五"规划教材
全国高等农业院校优秀教材

农业推广学

第二版

高启杰　主编

中国农业出版社

北京

第二版编写人员

主　　编　高启杰（中国农业大学）

副 主 编　（按姓氏拼音排序）

　　　　　崔福柱（山西农业大学）

　　　　　海江波（西北农林科技大学）

编写人员　（按姓氏拼音排序）

陈　曦（河北农业大学）　　　陈志英（东北农业大学）

崔福柱（山西农业大学）　　　傅志强（湖南农业大学）

高启杰（中国农业大学）　　　葛均筑（天津农学院）

郭程瑾（河北农业大学）　　　海江波（西北农林科技大学）

李金鹏（安徽农业大学）　　　刘红梅（湖南农业大学）

起建凌（云南农业大学）　　　乔佳梅（中国农业大学）

任佰朝（山东农业大学）　　　宋　睿（河南农业大学）

陶佩君（河北农业大学）　　　王　超（山西农业大学）

王美兔（山西农业大学）　　　王　悦（湖南农业大学）

希从芳（云南农业大学）　　　肖志芳（湖南农业大学）

谢军红（甘肃农业大学）　　　余海兵（安徽科技学院）

张瑞芳（河北农业大学）　　　张　雯（沈阳农业大学）

张雪梅（中国农业大学）　　　赵洪亮（沈阳农业大学）

郑顺林（四川农业大学）　　　朱翠林（西北农林科技大学）

第一版编写人员

主　　编　高启杰（中国农业大学）

副 主 编　（按姓氏拼音排序）

　　　　　崔福柱（山西农业大学）

　　　　　刘　正（安徽科技学院）

编写人员　（按姓氏拼音排序）

　　　　　曹流俭（安徽农业大学）

　　　　　陈　曦（河北农业大学）

　　　　　崔福柱（山西农业大学）

　　　　　段海明（安徽科技学院）

　　　　　傅志强（湖南农业大学）

　　　　　高启杰（中国农业大学）

　　　　　黄　鹏（甘肃农业大学）

　　　　　李争鸣（中国农业大学）

　　　　　刘爱玉（湖南农业大学）

　　　　　刘　正（安徽科技学院）

　　　　　起建凌（云南农业大学）

　　　　　陶佩君（河北农业大学）

　　　　　武德传（安徽农业大学）

　　　　　肖志芳（湖南农业大学）

　　　　　谢军红（甘肃农业大学）

　　　　　衣　莹（沈阳农业大学）

　　　　　余海兵（安徽科技学院）

第二版前言

创新是促进农业高质量发展和乡村振兴的战略支撑。将农业科技成果由潜在的生产力转化为现实的生产力，离不开农业推广；要使乡村成为宜业、宜居、宜游的乐园，更需要农业推广。因此，在服务于农业农村发展的专业人才培养中，需要加强农业推广学的课程教学。本书针对种植、养殖等大农学类专业人才培养的需要而编写，自第一版发行以来，一直深受学生欢迎，先后入选全国高等农林院校"十二五"和"十三五"规划教材，普通高等教育农业部"十二五"和普通高等教育农业农村部"十三五"规划教材，同时被评为全国高等农业院校优秀教材。

这次修订保留了第一版的基本体系和结构，但是更新和补充了大量的内容，而且在编写体例上也进行了创新。每一章均由导言、学习目标、正文、本章小结和复习思考题5部分构成，正文中间还配有多种类型的数字资源。每章后面的复习思考题包括名词解释题、填空题、简答题等类型，而选择题和判断题则以"即测即评"数字资源的形式呈现，读者扫描二维码做题，即可检验对本章内容的掌握程度。

本书由中国农业大学博士生导师高启杰教授担任主编，来自全国15所高等院校的28位从事农村发展与推广科研和教学工作的教师参与了修订工作。全书共十章，第一章由高启杰修订，第二章由崔福柱、王超和王美兔修订，第三章由张雪梅修订，第四章由海江波、张雯、朱翠林和郭程瑾修订，第五章由谢军红、郑顺林、乔佳梅和陈志英修订，第六章由傅志强、肖志芳、赵洪亮和宋睿修订，第七章由陶佩君、陈曦、张瑞芳和高启杰修订，第八章由起建凌、希从芳和高启杰修订，第九章由王悦、任佰朝、傅志强和高启杰修订，第十章由李金鹏、余海兵、刘红梅和葛均筑修订。所有书稿经主编初阅并提出修改意见后，先由主编和副主编进行统稿，最后由主编修改定稿。

本书的出版得到了中国农业出版社的关心和支持，在此谨表谢意，也对所有参考文献的作者致以衷心的感谢。

囿于编者水平，书中难免有疏漏和不妥之处，敬请读者批评指正。

高启杰

2022 年 2 月

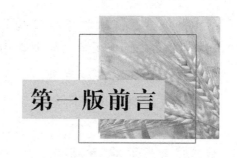

第一版前言

目前，农业推广学教材有多个版本，但是多数教材篇幅较大，内容较多较深，主要是为人文与社会科学领域的学生而编写的。农学类各专业的学生使用起来感到烦琐、不得要领。随着高校教学改革的深入，课程教学学时不断缩短，急需出版一部简明扼要的农业推广学教材。展现在读者面前的这部教材就是我们在总结农业推广教学、科研和实践经验的基础上，组织全国众多学者针对种植、养殖、加工等大农学类专业人才培养需要而编写出来的一本简明、通俗、实用的教材。

在这之前，我们已经出版了一系列农业推广方面的教材。延续我们编写的农业推广学系列教材的风格，本书突出了系统性、创新性、针对性、实用性和可操作性等特点。全书覆盖了农业推广的核心内容，反映了近年来国内外农业推广研究的最新进展和成果。与以往同类教材相比，我们在编写体例上也进行了创新，每一章均由导言、学习目标、正文、本章小结和思考题5部分构成，而思考题又包括了名词解释题、填空题、判断题、选择题、简答题、论述题等多种类型。

本书由中国农业大学博士生导师高启杰教授主编，参加编写的人员是来自全国8所高等院校的17名从事农村发展与推广科研和教学工作的教师。本书共十章，第一章由高启杰编写，第二章由崔福柱编写，第三章由衣莹编写，第四章由刘正、余海兵和段海明编写，第五章由黄鹏和谢军红编写，第六章由傅志强和肖志芳编写，第七章由陶佩君、陈曦和李争鸣编写，第八章由起建凌编写，第九章由刘爱玉和傅志强编写，第十章由曹流俭和武德传编写。所有书稿经主编初阅并提出修改意见后，先由主编和副主编进行统稿，最后由主编修改定稿。本书的出版还得到了中国农业出版社的关心和支持。在此，我们对所有为本书出版付出努力的单位和个人、所有参考文献的作者表示真挚的感谢。

限于编者水平和时间，书中难免有不妥之处，敬请读者指正。

高启杰

2014 年 5 月

目 录

第 一 章

农业推广的基本概念与原理

☑ **导言**

作为一项传播、教育与咨询活动，农业推广对于农村发展至关重要。新中国成立70多年来，我国农业推广工作取得了巨大成就，在依靠创新驱动现代农业发展中发挥了显著的作用。未来在推进农业农村高质量发展的过程中，需要推广人员牢记强农兴农的使命担当，不断强化社会责任感，并提高创新能力和实践能力。农业推广学是一门应用性较强的学科，农业推广的相关理论来源于实践，又高于实践、指导实践。因此，在学习过程中，不但要掌握理论知识，还要充分了解我国的国情，熟悉农业推广事业发展的历史与现状、农业推广工作的职业特征与农业推广人员的使命感和责任感等，这样才能够践行知农爱农的精神，运用所学知识更好地服务于乡村振兴。究竟怎样理解农业推广工作和农业推广学？这需要探寻农业推广的起源与发展趋势，把握农业推广的基本框架，认识创新采用与扩散行为的本质特征与变化规律。

☑ **学习目标**

通过本章内容的学习，你将可以：

➤ 了解农业推广发展的历史与趋势；

➤ 理解现代农业推广的含义与特征；

➤ 熟悉农业推广的基本框架；

➤ 熟知农业推广学及其相关学科；

➤ 了解创新、采用、扩散及扩散曲线的含义；

➤ 熟悉创新采用与扩散过程的阶段与规律；

➤ 了解采用者的类型与特点；

➤ 分析采用率的影响因素。

>>> 第一节 农业推广的发展历史和基本含义 <<<

一、农业推广发展的历史与趋势

农业推广工作在不同的时间与空间上具有差异性，这导致人们对农业推广的解释不一，同时也进一步告诉我们：仅仅从若干实务经验当中推导农业推广的含义是不够的，要理解现代农业推广的含义与功能，必须了解农业推广发展的历史与趋势。

码 1-1
对农业推广
的不同理解

（一）农业推广发展简史

与农业和农村生活相关的有组织的、职业性的推广活动起始于 19 世纪中叶，时值英国经济文化全盛的维多利亚时代。1845—1852 年，爱尔兰马铃薯严重歉收导致大饥荒。为此，根据克拉伦登（Clarendon）伯爵的提议，人们建立了一个小型的农业咨询指导机构，设置农业指导员进行巡回指导，这便是欧洲农村推广工作的开端。当时的做法是鼓励农民改革种植方式和栽培措施，以减少他们对马铃薯的依赖，并研究和推广一套能够大大降低马铃薯霜霉病危害的种植制度与措施。这些推广工作并非依赖市场的力量或立法的威力而实现，而是通过信息传播、教育以及组织等活动而奏效。由此，处于危机状态的大批小农便迅速地实现了可靠的技术创新，其效果是相当明显的。19 世纪 60 年代和 70 年代，人们在早已对农民进行过技术指导及咨询服务的德国和法国也发现了类似的情况。到 20 世纪初，欧洲的大多数国家、北美洲诸国以及其他许多国家都已建立起咨询和推广服务机构，其主要工作内容是面向农民介绍较好的耕作制度和传授生产技能。

"推广"（extension）一词的实际使用，起源于 1866 年的英格兰。当时剑桥大学和牛津大学首先采用"大学推广"系统。"推广教育"一词，是剑桥大学于 1873 年首先使用的，用来描述当时大学面向社会，到校外进行农业教育活动的教育创新，以体现"知识就是力量"。后来，"农业推广"一词在美国得到广泛使用。1914 年美国国会通过合作推广服务的《史密斯-利弗法》，给"农业推广"（agricultural extension）赋予了新的意义，从而也形成了美国赠地大学教学、科学试验和农业推广三结合的体制，实现"把大学带给人民"和"用知识替代资源"的目标。需要进一步说明的是，20 世纪英国将推广工作的职责移交至农业部，相应的术语改为"咨询服务"（advisory services），此后多数欧洲国家在农业主管部门建立类似的咨询服务体系，并采用同一术语。

在多数发展中国家，建立农业推广或咨询服务体系时采用的术语在很大程度上与体系援建机构有关。美国国际开发署在 20 世纪六七十年代建立农业高校和推广体系中影响较大，因此很多国家使用"推广"。同时，由于农业推广体系与农业行政主管部门密不可分，所以越来越多的国家使用"咨询服务"这一术语。今天可以看到，这两个术语尽管存在一些差异，但是经常可以互换使用，或者连在一起使用，即农业推广（与）咨询服务。

我国历史上虽然有关于农业推广相关活动的记载，然而，从事现代先进的农业科学技术推广工作，直到 19 世纪后期的清末洋务运动时期才见萌芽。我们现在使用的"农业推广"一词是从 20 世纪 20 年代开始的，当时许多大学的农科都学习美国赠地学院模式，设立农业推广部。例如，金陵大学农林科于 1920 年成立棉作推广部，聘请美国农业部的一位棉花专家进行指导，从事中棉育种和美棉驯化工作，开始推广棉花良种，还到各省宣讲农业改进方法，并以安徽和县乌江为据点，推广爱字棉，为后来在该地建立农业推广实验区打下了基础。1929 年 6 月，我国通过历史上第一部关于农业推广的法律——《农业推广规程》，同年 12 月成立中央农业推广委员会。总体上讲，农业推广在民国时期基本上都是由政府包办，由政府设立专管机构和实验区，推广的总体实力不强。这期间的推广工作主要是学习欧美，称"农业推广"，内容包括技术推广、农民教育、农村组织和农民生活指导等。

新中国成立后，开始使用"农业技术推广"一词，政府制定了一系列农业技术推广的指导方针和组织体系建设的政策法规，促进了农业推广组织的发展。20 世纪 50 年代中期，全国已经基本建立了比较完整的农业技术推广体系。70 多年来，为适应农村生产关系的变革，政府农业推广组织不断调整，经历了曲折起伏。可以说，如今中国农业推广发展进入一个新的阶段，同时面临许多新的机遇和挑战。

码 1-2
中国农业推广
发展的阶段

通过以上分析可以看出：①无论是农业推广在欧美的起源与发展，还是中国近代农业推广的起步，都是和大学密不可分的，大学在农业推广事业的发展中具有举足轻重的地位与影响。②中国近代史上最早使用的专业名称就是"农业推广"而非"农业技术推广"。③"农业推广"的内容极其丰富，主要采用以人为本的教育与咨询服务的方式，明显不同于一般意义上的"农业技术推广"。

可以说，20 世纪 20 年代译自美国英语"agricultural extension"的"农业推广"一词的出现，标志着我国开始进入现代农业推广萌芽时期。虽然今天看来，译词"推广"可能不是很准确，但是随着该译词在世界华人范围内近一个世纪的流传，其特定的专业与学术含义（推广与咨询服务）已为广大学者和决策者所接受。

（二）农业推广发展的基本趋势

从最近半个多世纪全世界的情况看，以科技为基础的推广工作有了很大的发展。这种发展趋势在以下四个方面表现尤为明显：

一是推广工作的内容已由狭义的农业技术推广拓展到生产与生活的综合咨询服务。农业推广已日益超出严格意义上农民与农业生产的范围，进入农村居民以及一般消费者生活的领域，由单纯的生产技术性逐步向经济性和社会性扩展。不可否认，早期的农业推广是为了促进农业生产的目标而产生和发展的，然而目前世界上大部分国家的农业推广工作都包含了技术服务以外的农业政策与信息传播、经营管理与市场营销指导、农家生活改善咨询服务、农民组织发展的辅导、各类教育服务事项、农村社区发展及环境改善等内容，推广的目标由单纯的增产增收发展到促进"三农"发展。由于农业、农村及农民三位一体，当农业推广工作针对农业和农民进行指导活动时，其内容自然无法排除包含农家生活和农村发展所需要的各种知识、技能和信息。例如，家庭经济咨询活动在很多地区已成为农业推广工作的一个重要组成部分。

二是推广对象的范围扩大。推广对象系统是指由推广服务潜在消费者（即用户）构成的社会系统。当前在许多国家与地区，无论是一般性的还是专业性的推广工作，都在针对改善农村生活的各种需要，开展信息传播、技术教育以及其他各种农村发展综合咨询服务，而且在某些情况下还以农村中从事非农经济活动的居民、小型企事业单位甚至部分城镇居民为服务对象，扩大业务范围。因此，农业推广工作对象不只限于普通农户，还包括现代农业经营者、农村基层组织和部分城市居民。这说明农业推广工作是全社会所需，而不仅仅是为农村民众所提供的服务。例如，农业推广在农业功能拓展、食品质量、人类健康、环境保护以及其他有关民生的诸多方面满足社会的需求和解决社会中的问题。

三是推广人员与组织机构多元化。目前世界上影响较大的推广组织机构主要有行政型、教育型、科研型、企业型和自助型这五种类型。例如，在许多国家和地区，农业推广机构包括政府机构、农业学校、农业科研单位、农民组织（农会及农业合作社等）及涉农企业等。在中国，经过数十年的改革与发展，现在明显可见从事推广工作的人员远远不只是政府各级推广机构和人员，各类学校、科研机构、企业、民间组织在农业推广工作中发挥的作用越来越大。

四是推广方法与方式更加重视以沟通为基础的现代信息传播与教育咨询方法。人们对沟通过程的理解越来越深刻，特别注重研究如何根据推广对象的需要及其面临的问题以项目的方式向其提供有效的知识、技术与信息，以诱导其行为的自觉自愿改变和问题的有效解决。

二、现代农业推广的含义与特征

农业推广的发展趋势促使人们对"推广"的概念有了新的理解，即从狭隘的"农业技术推广"延伸为"涉农传播、教育与咨询服务"。通俗地讲，现代农业推广是一项旨在开发人力资源的涉农传播、教育与咨询服务工作。推广人员通过沟通及其他相关方式与方法，组织与教育推广对象，使其增进知识，提高技能，改变观念与态度，从而自觉自愿地改变行为，采用和传播创新，并获得自我组织与决策能力来解决其面临的问题，最终实现培育高素质农民、发展农业与农村、增进社会福利的目标（高启杰，1994，2016）。

由此，可进一步延伸和加深对农业推广工作与农业推广人员的理解：农业推广工作是一种特定的传播与沟通工作，农业推广人员是一种职业性的传播与沟通工作者；农业推广工作是一种非正规的校外教育工作，农业推广人员是一种教师；农业推广工作是一种帮助人们分析和解决问题的咨询工作，农业推广人员是一种咨询工作者；农业推广工作是一种协助人们改变行为的工作，农业推广人员是一种行为变革促进者（高启杰，2008）。

关于现代农业推广的新解释，还可以列举很多，每一种解释都从一个或几个侧面揭示出现代农业推广的特征。一般而言，现代农业推广的主要特征可以概括为：推广工作的内容已由狭义的农业技术推广拓展到推广对象生产与生活的综合咨询服务；推广的目标由单纯的增产增收发展到促进推广对象生产的发展与生活的改善；推广的指导理论更强调以沟通为基础的行为改变和问题解决原理；推广的方式更重视由下而上的项目参与方式；推广的方法重视以沟通为基础的现代信息传播与教育咨询方法；推广组织形式多元化；推广管理科学化、法制化；推广研究方法更加重视定量方法和实证方法（高启杰，1994，2006）。

三、农业推广的基本框架

为了形象、深刻地理解农业推广，可以将农村中复杂的农业推广工作过程加以抽象、简化，得出如图 1-1 所示的"组织化的农业推广框架模型"（Albrecht，1987；高启杰，1994）。

图 1-1 描述了在农村地区开展推广工作的基本情况。由图 1-1 可以看出，农业推广工作过程是一个完整的系统，它包括两个基本的子系统，即推广服务系统和目标团体（亦称目标群体）系统。前者是指推广人员、组织结构及其所处的生存空间与环境，后者是指推广对象（以农村居民为主）、社会结构及其所处的生存空间与环境；沟通与互动是这两个系统的联系方式；推广服务工作

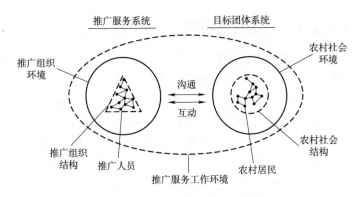

图 1-1 组织化的农业推广框架模型

资料来源：高启杰，1994. 农业推广模式研究 ［M］. 北京：北京农业大学出版社.

的开展离不开相应的外部宏观环境，包括政策与法律环境、政府机构设置与组织体系、经济与结构性条件、社会文化环境以及农村区域环境等。

图 1-1 将推广服务系统和目标团体系统通过沟通与互动联系在一起，说明在推广工作过程中，两个系统内的个体同处于一种关系场中，其行为受到广泛的社会内容的影响，主要包括人际关系、组织结构和社会结构、社会文化环境等。

现实的农业推广过程是一个复杂的系统，图 1-1 只是这一复杂系统的缩影。借助这一模型，可以对推广服务系统和目标群体系统之内、之间及工作环境的相互关系进行分析，人们可以从不同的角度观察推广中某个问题所处的状态，从而更好地瞄准研究方向。从组织化的推广框架模型中可以体会到，整个农业推广服务工作效率的高低取决于以下几个因素：①推广服务系统的扩散效率；②目标团体系统的接受效率；③两个子系统之间的沟通与互动效果；④推广工作的外部环境。这些因素可以具体表现为推广组织的资源、组织机构结构、组织运行机制、目标团体的情况、推广的策略方式与方法、推广的目标与内容以及其他的宏观环境变量（高启杰，1994）。因此，这些方面就构成了农业推广学研究的基本问题。

>>> 第二节　农业推广学及其理论来源 <<<

一、农业推广学及其发展过程

农业推广学是一门研究农业推广过程中行为变化与组织管理活动的客观规律及其应用的科学。它侧重研究在农业推广活动中推广对象行为变化的影响因素与变化规律，从而探讨诱导推广对象自觉自愿地改变行为以及提高农业推广工作效率的原理与方法。因此，农业推广学的研究对象主要是推广对象在推广沟通过程中的心理与行为特征、行为变化的影响因素与规律以及诱导推广对象自愿改变行为的方法论。农业推广学可称为农业推广咨询学，在国际上也简称为推广学（Roeling，1988）。

农业推广学的研究活动与研究成果最早出现在美国。不过，早期的研究主要是针对当时农业推广工作中的一些具体问题而进行的，缺少学术性和系统性。从世界范围看，对农业推广理论与实践问题系统而深入的研究是在第二次世界大战后才开始的。从 20 世纪 40 年代末到 60 年代，农业推广学的研究不断引进教育学、心理学、传播学、社会学及行为科学等相关学科的理论与概念，对后来农业推广学的理论发展有着重要的影响。20 世纪 70 年代以后，农业推广学的理论研究继续向行为科学和管理科学方向深入发展，而且经济学，特别是计量经济学、技术经济学、市场营销学也不断渗入到农业推广学的研究之中，这使农民采用行为分析以及推广活动的技术经济评价方面有了新的突破，农业推广问题的定量研究和实证研究也不断得到加强。20 世纪 80 年代以来，农业推广学的理论研究进展极快，形成了空前的百家争鸣的学术风气。人们更注重从农业推广与农村发展的关系来研究农业推广学的理论与实践问题，研究方法上更加重视定量研究和实证研究。

我国对农业推广理论与实践的研究在 20 世纪 30 年代和 40 年代就已开始。1936 年由章之汶、李醒愚编著的《农业推广》，是我国第一本比较完整的农业推广教科书。之后，由于国内形势的变化，农业推广学研究没有取得实质性进展。农业推广学的发展以及农业推广专业人才的培养经历了曲折的历程。20 世纪 50 年代以后人们只重视农业技术推广工作，关于农业推广学的研究甚少，农业院校也不开设农业推广学课程。20 世纪 80 年代后，农村改革不断深入，人们重新认识到农业推广的重要性，因而不断开展农业推广研究工作。一些农业院校从 1984 年起，相继开设农业推广学课程。北京农业大学（现中国农业大学）于 1988 年设置农业推广专业专科，并且和德国霍恩海姆大学合作培养了我国最早从事农村发展与推广研究的两名博士研究生。1993 年中国农业大学将农业推广专业专科升为本科，同年在经济管理学院成立了农村发展与推广系。1998 年，成立 10 年的农业推广专业被取消，农村发展与推广系和综合农业发展中心合并成立农村发展学院。自 1987 年《农业推广教育概论》出版以来，农业推广研究成果在全国范围内不断产生。仅中国农业大学就先后主持完成了国家博士点基金项目"农业推广理论与方法的研究应用"、国家教委留学回国人员科研项目"中国农业推广发展的理论、模式与运行机制研究"、中华农业科教基金项目"高等农业院校农业推广专业本科人才培养方案、课程体系、教学内容改革的研究"、农业部软科学研究项目"农业推广投资政策研究"、国家自然科学基金项目"农业推广投资的总量、结构与效益研究"、国家社会科学基金项目"农业技术创新模式及其相关制度研究"、国家软科学计划项目"基层农业科技创新与推广体系建设研究"、国家自然科学基金项目"合作农业推广中组织间的邻近性与组织聚合研究"等重要项目,出版了《农业推广教育概论》(北京农业大学出版社,1987)、《农业推广学》(北京农业大学出版社,1989)、《推广学》(北京农业大学出版社,1991)、《农业推广》(北京农业大学出版社,1993)、《农业推广模式研究》(北京农业大学出版社,1994)、《农业推广学》(中国农业科技出版社,1996)、《现代农业推广学》(中国科学技术出版社,1997)、《推广经济学》(中国农业大学出版社,2001)、《农业推广组织创新研究》(社会科学文献出版社,2009)、《合作农业推广:邻近性与组织聚合》(中国农业大学出版社,2016)、《现代农业推广学》(高等教育出版社,2016)等一系列重要的专著、译著和教材。目前仅中国农业大学有关农业推广研究的专著、译著和教材就多达数十部。自从教育部在全国推行普通高等教育规划教材后,农业推广领域第一部普通高等教育国家级规划教材《农业推广学》于2003年由中国农业大学出版社出版,2018年第4版发行。2008年,出版了我国第一部用于农业推广硕士专业学位研究生教学的教材《农业推广理论与实践》,2018年第2版发行。2008年在进行第一手调研的基础上出版了我国第一部《农业推广学案例》,2019年第3版发行。这一系列的工作与成果反映了我们在农业推广研究领域,经历了从了解与引进国外农业推广理论与经验,到全面、系统、客观地比较、评价国内外农业推广实践模式,再到建立我们自己的对我国实践具有指导价值的理论体系、提出我们自己的专业人才培养与教育改革方案以及解决我国农业推广实践中的重大问题的过程。同时也表明,近40年来,农业推广一直是我国学界、政界和商界关注的一个重要领域,农业推广学研究在中国进入新的历史时期。

二、农业推广学的理论来源

同农业推广的工作内容一样,农业推广学的研究范围也在不断拓展。从农业推广学的产生与发展过程不难看出,农业推广学的知识主要来源于从农业推广实践经验中总结出来的经验法则、农业推广理论研究的成果以及相关学科的理论与概念。现代农业推广学的理论是建立在推广对象心理与行为分析的基础之上的,因此可以认为行为科学是农业推广学理论结构的核心,传播学、教育学、心理学、社会学、经济学、管理学等相关学科以及农业推广实践经验和理论研究成果是农业推广学的重要理论来源，如图 1-2 所示。

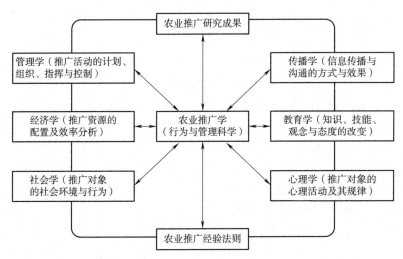

图 1-2　农业推广学重要理论来源构架图

资料来源：高启杰，2016. 现代农业推广学［M］. 北京：高等教育出版社.

现代农业推广的对象主要是农村居民但不限于农村居民，农业推广要解决的根本问题就是通过推广沟通，传播实用信息，改变推广对象行为，促进农业创新的扩散，满足推广对象需要，解决推广对象所面临的问题。因此，作为指导农业推广实践的推广学的理论体系由推广的理论、方法和实务等构成（高启杰，2003），主要涉及农业推广沟通理论、推广对象行为改变理论、创新的采用与扩散理论、推广的方法与技能、科技成果转化与推广、家政推广与社区发展、推广信息系统与信息服务、推广经营服务与技巧、推广项目的计划与评估、推广组织与人力资源管理、推广工作环境的优化等内容。

可见，农业推广学的理论体系十分丰富，它来自实践，又高于实践、指导实践。今天我们学习和研究农业推广学，显然不能只把目光放在传统的技术推广或者基层农业技术推广上，而要深入到农业推广实践中各类推广对象、推广人员、组织机构以及众多的农业推广实务和复杂的农业推广环境之中去。只有这样，才能充分体会和发挥推广学在当代农村发展中的指导价值。

>>> 第三节　创新采用与扩散的基本原理 <<<

一、创新采用与扩散的基本含义

创新的采用与扩散是农业推广的一个中心问题。创新是一种被某个特定的采用个体或群体主观上视为新的东西，它可以是新的技术、产品或设备，也可以是新的方法或思想。考虑到推广的目的，我们感兴趣的是它应该有助于解决推广对象在特定的时间、地点与环境下生产与生活中所面临的问题，满足推广对象的特定需要。因此，这里所说的创新并不一定或并不总是指客观上新的东西，而是一种在原有基础上发生的变化，这种变化在当时当地被某个社会系统里特定的成员主观上认为是解决问题的一种较新的方法。可以通俗地讲，只要是有助于解决推广对象生产与生活中特定问题的知识、技术与信息，都可以理解为创新。比如说，20世纪八九十年代在西藏地区推广塑料大棚种植技术，其实那种简易的塑料大棚在很多地方早已采用，并非什么了不起的新技术，然而推广到西藏，在一定程度上解决了当地人的吃菜问题，促进了种植结构的调整和农业的发展，因而可视为一种创新。

创新采用是指某一个体从最初知道某项创新开始，对它进行考虑，做出反应，到最后决定在生产实践中进行实际应用的过程。在农业生产中，它通常是指个体农民对某项技术选择、接受的行为。

创新扩散是指某项创新在一定的时间内，通过一定的渠道，在某一社会系统的成员之间被传播的过程。由该定义可以看出，创新扩散有四个要素，即创新、传播渠道、时间和社会系统。进一步讲，创新扩散可以看作是一种特定形式的传播，同时也是一种社会变革。这里，传播是指参与者产生并分享信息以达到相互理解的过程，社会变革是指某一社会系统结构和功能发生变化的过程。

创新采用反映的一般是个体的采用行为，而创新扩散反映的是创新被某一社会系统许多成员普遍采用的过程，是众多的个体决定采用创新的结果，在农业生产中通常是指群体农民对技术采用的行为总和。可见，创新采用与创新扩散二者密切相关，但在农业推广学中又有各自的特定含义。研究采用过程无疑有助于更深入地了解扩散过程。

借助扩散曲线可以形象地理解农业推广实践中某项创新的扩散过程。扩散曲线是一条以时间为横坐标，以一定时间内的扩散规模（如采用者的数量或百分率）为纵坐标画出的曲线。如果我们将扩散规模表示为一定时间内某项创新的累计采用者数量或百分率，那么在一般情况下，扩散曲线呈现S形，则说明

码1-3
创新扩散
曲线

创新在扩散初期的采用率很低，后来逐渐提高。创新一旦被该社会系统里许多成员采用，采用速度再度下降直至再无新增的采用者。但是，如果我们把扩散规模看成是采用者的非累计数量或百分率，而不是一个累计数量，那么，通常可以画出一条铃形或波浪形的反映采用者分布频率的扩散曲线。

二、创新采用与扩散过程的阶段

(一)采用过程的阶段

根据采用者的心理和行为变化特征，采用过程通常可以分为不同的阶段。早期在美国进行的农业创新扩散研究将创新采用过程分为以下五个阶段，即认识阶段、兴趣阶段、评价阶段、试验阶段和采用（或放弃）阶段。

1. 认识阶段 农民最初听到或通过其他途径意识到了某项创新的存在，但还没有获得与此项创新有关的详细信息。农民此时对创新的认识只是基于一种被动的耳闻目睹，因此不一定就相信创新的价值。

2. 兴趣阶段 农民可能看出该项创新同自身生产或生活的需要与问题很相关，对其有用而且采用起来可行，因而会对创新表示关心并产生兴趣，从而进一步积极主动地寻找、了解创新的相关信息。农民也许会向邻里打听，或者阅读相关的材料，或者找推广人员咨询。

3. 评价阶段 一旦获得该项创新的相关信息，农民就会联系自己的情况进行评价，对采用创新的利弊加以权衡。这意味着他想更多地了解这项创新的详细情况，也许会做出试用决定，也许会观察一下其他农民试用创新的情况，因而犹豫不决。

4. 试验阶段 农民经过评价，确认了创新的有效性，于是决定在农场进行小规模的试验。这时，他需要筹集必要的资金，学习有关的技术，投入所需的土地、劳动和其他生产资料，并观察试验的进展与结果，而试验的结果也会产生明显的示范效应。

5. 采用（或放弃）阶段 试验结束后，农民会根据试验结果决定采用还是放弃创新。这时农民主要考虑两方面的内容，即创新值不值得采用和创新能不能采用。一般而言，农民通常是经过不止一次的试验后才决定是否采用。每一次的试验都会增加或减少他对创新的兴趣。在这些重复的试验中，如果创新的效果不断得以验证，农民的兴趣就会不断增加，从而扩大试用规模，这样的重复试验就意味着创新已被采用。有时，农民对一项创新经过一两次试验后就予以放弃而拒绝采用，这时需要对情况进行具体分析，不能草率地责怪农民或推广人员。农民的这一决定也有可能是正确的，因为这项创新经验证的确不适合该特定地区或农户。有时即使农民已经做出了大规模采用创新的决定，也可能出现一些始料不及的问题。

需要指出的是，采用过程在实践中并不总是遵循这个程序。上述 5 个阶段的划分意味着农民的创新决策总是很周全、系统而且合理的。然而在实践中，农民可能通过权衡变革的结果以理性的方式行事，也可能以非逻辑的方式做出反应，而且"决策后的冲突"时常发生。这样，农民可能认为已经决定采用的创新不再适合他而中止采用，也可能在后来采用原来拒绝过的创新。因此，人们后来提出了另一种分析采用过程的概念，即"创新决策过程"。

（二）采用者的基本类型与特征

在某一社会系统里，不同成员采用创新的速度通常不同，有时可以说是千差万别。换言之，推广人员常常面临一个异质的采用者群体。为了提高推广工作的有效性，需要根据某种标准对采用者群体进行分类，针对不同类型采用者的特点，采用相应的推广策略与方法。

在某个社会系统里首先采用某项创新的人被称为创新者。从创新者最初采用创新到社会系统越来越多的成员改变认识逐步采用创新，是一个复杂的扩散过程。根据个体接受创新的特点，通常可以把某一社会系统内所有的采用者划分成五种类型，分别是创新者、早期采用者、早期多数、晚期多数和落后者。五种类型虽然是人为划分的，却告诉我们不同采用者由于接受创新程度的不同，采用创新的时间有早有晚，而且在不同采用阶段所花的时间有长有短。这些差异的形成是很多因素综合作用的结果。创新扩散研究表明，人们接受创新的程度至少与社会经济变量、个性变量以及沟通行为变量有关。

在农业推广实践中，通常可以发现五种类型的采用者各自具有一些基本特征。

创新者可谓是"世界主义者"，见多识广，敢于冒险。他们对新思想有着浓厚的兴趣，往往从外界获取新思想并将其引入自己所在的社会系统里，从而启动创新在系统内的扩散。由于创新很可能失败，并给采用者带来损失，作为最早的采用者，创新者往往有足够的财力和心理准备来承担创新失败的后果。总的来说，他们有能力应对创新的不确定性。

早期采用者受人尊敬，较有名望，他人乐意向其咨询事情。他们与当地社会系统紧密联系，往往能把握社会系统内的舆论导向，因而他们很有可能成为创新扩散中的意见领袖。同时，出于对已有地位的维持，他们也会努力做出明智的创新决策，同时向系统内的其他成员传播评价信息，减少扩散中的不确定性。

早期多数深思熟虑，审慎决策，是晚期多数的重要联系对象。他们人数众多，位于早期采用者和晚期多数之间，在人际关系网上起着承上启下的作用。

他们却很少能成为社会系统内的观念引领人，而更多的是谨慎地跟随创新潮流。

晚期多数一般资源不足，对创新抱怀疑甚至抵制态度，通常是出于压力和从众心理才采用创新。他们态度较为保守，往往在系统内大多数成员都采用创新后，他们才会信服，才会采用创新。因而，对晚期多数来说，低不确定性和较高的安全感是重要的考虑因素。

落后者资源短缺，行为受传统思想的束缚。他们容易墨守成规，对创新的看法较为狭隘，且很容易变成根本性的抵制态度。同时受制于有限的资源，他们抵抗创新失败的能力最弱，因此在采用创新时也格外小心。

（三）扩散过程的阶段

人们常把创新的扩散过程划分为四个阶段，即突破阶段、关键阶段、自我推动阶段和浪峰减退阶段（图1-3）。

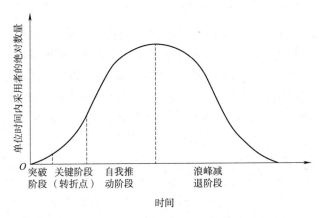

图 1-3　铃形扩散曲线及扩散过程的不同阶段

资料来源：高启杰，2018. 农业推广学［M］. 4 版. 北京：中国农业大学出版社.

1. 突破阶段 突破阶段，直接表现为创新在目标社会系统里的采用者数量实现零的突破。这里的采用者就是我们所说的创新者。创新者通常处于一种非常困难的境地，需要面临和承担经济方面和社会方面的双重风险。

2. 关键阶段 这一阶段被称为关键阶段，是因为这一阶段最终决定着创新能否起飞，是创新能否得以迅速扩散的关键时期。早期采用者的参与通常是这个阶段的重要标志。他们对创新者具有一定的认同，对创新也抱有一定的期望。

3. 自我推动阶段 自我推动阶段也称跟随阶段，顾名思义，就是创新扩散过程获得了自我持续发展的动力，创新扩散能自我推动向前发展，形成创新采用浪潮的阶段。由于早期多数的采用，这个阶段的采用者数量迅速增加，创新扩散的速度明显提升，范围得到明显扩大。

自我推动阶段的采用者数目众多，但差异明显。有的会深思熟虑，审慎决策，有的则未充分思考，随大流。这就隐藏着一种危险：只是较多地采用创新，却没有充分认识到采用创新的前提条件与后果。采用者们特别是后期多数也许不再考虑在特定的条件下采用这一创新是否能真正带来效益。因此，随着创新的不断采用，农民间的经济差距不断加大，错误地采用创新所带来的风险也随之增加。

4. 浪峰减退阶段 一旦创新被多数人所采用，我们可以想象扩散曲线会显示出下一次转折。浪峰减退阶段最显著的特征就是创新的采用率缓慢地下降。

三、创新采用率及其决定因素

采用率是指社会系统成员接受创新的相对速度，通常可以用某一特定时期内采用某项创新的人数来度量。采用率可以反映社会系统中采用某项创新的成员占该社会系统内所有潜在采用者的比例，是研究创新扩散速度与扩散范围的重要概念。研究表明，影响采用率的最主要因素是创新的认知属性，或者说潜在采用者对创新特性的认识，除此之外还有创新决策的类型、沟通渠道的选择、社会系统的特征以及推广人员的努力程度等。

码 1-4
采用率的
决定因素

（一）创新的认知属性

我们在分析影响创新采用率的主要因素——创新的认知属性时，所强调的是潜在采用者对创新特性的认识，或者说是潜在采用者所感知到的创新属性，而非技术专家或推广人员所理解的创新属性。研究表明，创新的以下 5 个属性是影响采用率的主要因素。

1. 相对优势 相对优势也称相对优越性，是指某项创新比被其取代的原有观念或事物优越的程度。创新的相对优势可以从技术优势（如新品种增加产量、改善品质等）、经济优势（如节约成本、增加收益等）、社会优势（如减轻劳动强度、寻求社会地位等）和环境优势（如促进生态保护、减少环境污染等）等方面加以考察。至于某项创新哪个方面的相对优势最重要，不仅取决于潜在采用者的特征，而且还取决于创新本身的性质。一般而言，创新的相对优势越明显，越能被潜在采用者所感知，则创新越有可能被采用。

2. 兼容性 兼容性也称一致性，是指创新同当地的自然条件和社会系统内现行的价值观念、以往的经验以及潜在采用者的需要相一致的程度。创新的兼容性至少涉及 4 个维度的内容，即当地的自然条件、社会文化价值观念与信仰、已有经验或业已采用的思想与事物、用户对创新的需求。其中，价值观念和已有经验等往往与社区的乡土知识密切相关。因此，考察创新的兼容性可以从当地的乡土知识入手。然而在实践中，创新推广人员在推荐一项创新时，常常忽略乡土知识系统，主要原因可能是推广人员极其相信创新的相对优势，因而认为原有的方法与技术是低劣的，可以不予考虑。这种优越感常常导致推广人员产生"空瓶子"的错误观念，即认为潜在采用者如同一块白板，缺乏与创新相联系的有关经验。"空瓶子"的观念否认了兼容性的重要性，结果可能会导致引进的创新与它要取代的思想与事物格格不入。避免"空瓶子"观念的办法是总结用户对创新要取代的事物的已有经验。鉴于乡土知识系统在创新扩散中常常可以起到桥梁的作用，创新推广人员需要学会理解和重视用户已有的乡土知识系统，并且将其和创新联系起来，以提高创新的兼容性。一般而言，创新的兼容性与创新在潜在采用者心中的不确定性大致成负相关关系，而与创新的采用率成正相关关系。

3. 复杂性 复杂性是指创新所涉及的知识与技能被潜在采用者理解和应用的难易程度。严格地讲，创新的复杂性包含创新本身的复杂性和采用过程的复杂性这两个相互联系的内容。这里特别强调创新采用过程的复杂性，即潜在采用者理解和使用某项创新的相对难度。一般而言，创新的复杂性与创新的采用率之间存在负相关的关系，因此，尽量简化创新并提高潜在采用者对创新的认知有助于创新的采用。

4. 可试验性 可试验性是指某项创新可以小范围、小规模地被试验的程度。出于降低风险的考虑，采用者倾向于接受已经进行过小规模试验的创新，因为直接的大规模采用可能会面临较大的不确定性与风险。相比而言，创新的早期采用者比晚期采用者更能觉察到可试验性的重要性。可试验性与可分性是密切相关的。一般而言，可分性较强的创新，其可试验性也比较强，因而更容易被推广。试验创新可能涉及再发明，因此，创新在试验阶段可能会有所改变，从而更适于个性化的需求。

5. 可观察性 可观察性是指某项创新的成果对潜在采用者而言显而易见的程度。在农业推广中很多创新都是技术创新。技术通常包括硬件和软件两个方面，前者是指把技术体现为物质或物体的工具，后者是指这种工具的信息基础。例如，计算机的电子设备是硬件，计算机程序是软件。一般而言，技术创新的软件成果不那么容易被观察到，所以某项创新的软件成分越大，其可观察性就越差，采用率就会偏低。因此创新的采用率与可观察性之间存在正相关的关系。

（二）创新决策的类型

创新的采用与扩散要受到社会系统创新决策特征的影响。一般而言，创新的采用决策可以分为 3 种基本类型。

1. 个人选择型创新决策 个人选择型创新决策是由个体自己做出采用或者拒绝采用某项创新的选择，不受系统中其他成员决策的支配。个体的决策往往受个体特征及其环境（如家庭经济因素、地域环境因素等）影响，因此这种决策类型下的创新采用往往因人而异，具有不确定性。此外，个体的决策还会受到个体所在社会系统的规范以及个体的人际网络的影响。早期的扩散研究主要是强调对个人选择型创新决策的调查与分析。

2. 集体决定型创新决策 集体决定型创新决策是由社会系统成员集体做出采用或者拒绝采用某项创新的选择。一旦做出决定，系统里所有成员或单位都必须遵守。个体选择的自由度取决于集体创新决策的性质。

3. 权威决定型创新决策 权威决定型创新决策是由社会系统中具有一定的权力、地位或者技术专长的少数个体做出采用或者拒绝采用某项创新的选择。系统中多数个体成员对决策的制定不产生影响或者只产生很小的影响，他们只是实施决策。

一般而言，在正式的组织中，集体决定型创新决策和权威决定型创新决策比个人选择型创新决策更为常见，而在个体采用行为方面，不少创新决策是由个人选择的。权威决定型创新决策常常可带来较快的采用速度，当然速度快慢的程度也取决于权威人士自身的创新精神。在决策速度方面，一般权威决定型创新决策较快，个人选择型创新决策次之，集体决定型创新决策最慢。虽然权威决定型创新决策速度较快，但在决策的实施过程中常常会遇到不少问题。在实践中，除了应用上述 3 类创新决策之外，还可能有其他类型，如将 2 种或 3 种创新决策按一定的顺序进行组合，形成不同形式的伴随型或条件型创新决策，这种创新决策是在前一项创新决策条件下做出采用或者拒绝采用的选择。

（三）沟通渠道的选择

沟通渠道一般是由信息发送者选择的、借以传递信息的媒介，是人们相互传播信息的途径。经常使用的沟通渠道有大众媒介渠道和人际沟通渠道。

1. 大众媒介渠道 大众媒介渠道是指利用大众媒介传播信息的各种途径与方式。大众媒介通常有广播、电视、报纸、杂志等，它可以使某种信息传递到众多的受者，因而在创新采用的初期更为有效，可使潜在的采用者迅速而有效地了解到创新的存在。

2. 人际沟通渠道 人际沟通渠道是指在两个或多个个体之间面对面的信息交流方式。这种沟通方式在说服人们改变态度、形成某种新的观念从而做出采用决策时更加有效。

研究表明，大多数潜在采用者并非根据专家对某项创新成果的科学研究结论来评价创新，而是根据已经采用创新的邻居或与自己条件类似的人的意见进行主观的评价。这种现象说明，在创新扩散过程中要解决的一个重要问题就是在潜在采用者和已经采用创新的邻居之间加强人际沟通，从而促使潜在采用者产生模仿行为。

借助同质性和异质性的概念，我们可以更好地理解扩散过程中人际沟通网络的性质。同质性是指不同沟通主体之间相似的程度，这种相似涉及价值观、信仰、所受教育程度和社会地位等诸多方面。相反，异质性则指沟通主体的背景相异的程度。一般而言，在同质个体之间进行的沟通比在异质个体之间进行的沟通更加频繁和有效。然而，异质性沟通具有特殊的信息潜力。同质性沟通虽然可以加速扩散的过程，但也会限制扩散的对象，即仅以关系紧密的人际关系圈子为主。扩散本身的性质要求在沟通参与者之间至少存在一定程度的异质性。理想的状态是，沟通参与者在与某项创新有关的知识与经验方面是异质的，而在其他方面如教育水平、社会地位等则是同质的。然而，农业推广实践表明，沟通参与者通常在各个方面都表现出较高程度的异质性，因为个体拥有的与某项创新有关的知识和经验常常同其社会地位和教育水平密切相关。创新通常由社会地位、教育水平、创新性都较高的成员引入社会系统，高度的同质性沟通使创新只能在社会精英中传播、难以扩散到其他成员中去。可见，同质性扩散模式会导致创新的水平方向而不是垂直方向的推广，因此会减慢社会系统内扩散的速率，进而成为沟通与扩散的障碍，这时推广人员需要加强和不同社会阶层的意见领袖的联系。综上所述，为了使创新的扩散更加有效，需要在人际沟通网络中寻求最佳程度的同质性和异质性。

（四）社会系统的特征

社会系统是指在一起从事问题解决以实现某种共同目标的一组相互关联的成员或单位。这种成员或单位可以是个人、非正式团体、组织以及某种子系统。社会系统的特征对创新的扩散有着重要的影响。前面我们已经单独分析了创新决策的类型，还可从以下几个方面认识社会系统的性质与特征。

1. 社会结构 社会结构指社会系统里的各个要素相互关联的方式。社会结构对人们的行为起着规范和约束的作用，可以使社会系统的人类行为具有一定的规则性和稳定性。与此同时，社会结构反映了系统里各个成员之间基于地位、角色和互动等形成的相对固定的社会关系，而这些关系可以促进或阻碍创新在此系统中的扩散。

2. 系统规范 规范是在某一社会系统成员中所建立起来的行为准则，即明文规定或约定俗成的标准，可以理解为人们在该社会系统里被要求如何行动、如何思考、如何体现的期望。这种期望来自社会集体，带有集体意志的色彩。系统规范可以存在于人们生活的许多方面，如文化规范、宗教规范等。系统规范既可能成为诸如创新扩散等变革的推动力量，也可能成为变革的障碍。

3. 意见领袖关系　社会系统的结构和规范常常可以通过意见领袖的特质与行为表现出来。作为在影响他人意见方面具有领袖作用的人，意见领袖是指活跃在人际沟通网络中，经常与他人分享信息、观点或建议，并对他人施加个人影响的人物。意见领袖起源于沟通学中两级信息流传播模式，该模式认为，信息一般先由信息源通过媒体渠道传播到意见领袖，然后再由意见领袖通过人际影响传递给其追随者。意见领袖和其跟随者相比，通常具有一些明显的特质，比如说，更加关注与社会系统外部的联系、容易接近、社会经济地位较高、更具创新性等。因此，可以通过社会测量、受访者评级、自我认定以及观察等多种方法找出意见领袖。意见领袖关系表示个体能够以一定的方式对他人的态度和行为产生非正规影响的程度，这种关系在沟通网络中起着重要的作用。事实上，意见领袖产生于何种类型的采用者以及意见领袖和其跟随者之间的关系与相似性，在很多情况下都与社会系统的结构和规范有关。一般而言，当社会系统规范利于变革时，意见领袖就更具创新性。因此，在拥有较多传统规范的社会系统里，意见领袖通常是与创新先驱者截然不同的群体。这时，意见领袖和其跟随者都不太具有创新性，而创新先驱者因为过于杰出和倾向于创新，往往会被社会系统里多数成员质疑甚至不被尊重，因而不能成为合适的意见领袖，结果导致该社会系统或地区依旧相当传统。相反，在大部分现代社区，系统规范对创新的态度比较友善，意见领袖和其跟随者都同样具有创新性，这时，创新先驱者更加可能成为意见领袖。可见，意见领袖的创新性强弱，常常是由其跟随者所认定的，而现有的系统规范又会影响跟随者的看法，并决定了意见领袖出自何种类型的采用者。

4. 沟通网络　沟通网络是指多元主体在一定的权力结构和信任关系下，借助沟通渠道，以便相互联系和相互沟通的形式。沟通网络由互相联系的个体组成，这些个体通过特定的信息流联系起来。社会系统中各组成单位或成员通过人际网络互相联系的程度简称为互相联系程度。不同的沟通网络类型和网络中成员间相互联系程度的强弱都会对创新的扩散造成明显的影响。一般而言，沟通网络的信息交换程度与其相似度、同质性负相关，低相似度的异质性连接（即弱连接）对创新的信息扩散作用更大，而强连接对于人际间的作用更大。

5. 创新的结果　创新的结果是指由于采用或拒绝采用某项创新后个体或者社会系统可能产生的变化。创新结果有合意结果与不合意结果、直接结果与间接结果、可预料结果与不可预料结果之分。此外，还可以根据结果是增加还是降低了社会系统成员之间的公平性来区分。如果推广人员沟通与互动的对象是社会系统中的弱势群体，那么创新扩散带来的好处就会比较公平；反之，如果推广人员接触的对象是社会系统中受教育程度和社会地位较高的人群，那么推广创新的结果就会扩大社会的贫富差距。创新的结果很可能会成为整个社会系统共同的经验，并很容易成为成员判断和解释创新的标准。因此，创新的结果会明显影响系统成员对创新的态度。

（五）推广人员的努力程度

作为行为改变的促进者，创新推广人员在推广对象创新决策过程中可以发挥重要的作用，推广人员的努力程度直接影响到采用率的高低。

1. 推广人员的作用 创新推广人员的作用主要表现在七个方面：①调查和发现推广对象的改变需求；②和推广对象建立信息交流关系；③诊断推广对象面临的问题；④激发推广对象改变的意愿；⑤将改变的意愿转化为行动；⑥巩固采用行为以防止行为终止；⑦与推广对象之间达成一种终极关系，即培养他们的自我创新意识和自立能力。

2. 推广人员获得成功的关键 在促进推广对象采用创新的过程中，推广人员能否以及能够在多大程度上获得成功，主要取决于以下几个方面：①推广人员在与推广对象沟通方面付出的努力；②坚持推广对象导向而不是推广机构导向；③推广的项目符合推广对象的需要；④推广人员与推广对象的感情移入；⑤与推广对象的同质性和接触状况；⑥在推广对象心目中的可信度；⑦工作中发挥意见领袖作用的程度；⑧推广对象在评价创新方面能力提升的程度。

需要指出的是，在许多有计划的创新传播工作中，经常需要协助推广人员开展工作的助理人员。这些助理人员不是专职的推广人员，而是在基层从事日常沟通工作的社会系统成员，他们与推广对象有较高程度的社会同质性。

🔍 本章小结

➤ "推广"一词的实际使用，起源于1866年的英格兰。从最近半个多世纪全世界的情况看，以科技为基础的推广工作有了很大的发展。这种发展的趋势在以下4个方面表现得尤为明显：一是推广工作的内容已由狭义的农业技术推广拓展到生产与生活的综合咨询服务；二是推广对象的范围扩大；三是推广人员与组织机构多元化；四是推广方法与方式更加重视以沟通为基础的现代信息传播与教育咨询方法。现代农业推广是一项旨在开发人力资源的涉农传播、教育与咨询服务工作。

➤ 农业推广工作过程是一个完整的系统，它包括两个基本的子系统，即推广服务系统和目标团体，沟通与互动是这两个系统的联系方式，推广服务工作的开展离不开相应的外部宏观环境。农业推广学是一门研究农业推广过程中行为变化与组织管理活动的客观规律及其应用的科学。

➤ 创新的采用与扩散是农业推广的中心问题。创新采用过程通常可以分为五个阶段，即认识阶段、兴趣阶段、评价阶段、试验阶段和采用（或放弃）阶段。创新的扩散过程可划分为四个阶段，即突破阶段、关键阶段、自我推动阶段和浪峰减退阶段。

➤ 采用率是指社会系统成员接受创新的相对速度，通常可以用某一特定时期内采用某项创新的人数来度量。影响采用率的最主要因素是创新的认知属性，除此之外，还有创新决策的类型、沟通渠道的选择、社会系统的特征以及创新推广人员的努力程度等。

即测即评

复习思考题

一、名词解释题

1. 农业推广
2. 推广服务系统
3. 目标团体系统
4. 创新
5. 创新的采用
6. 创新的扩散
7. 扩散曲线

二、填空题

1. 美国的合作农业推广法《史密斯-利弗法》是于（　　　）年通过的。

2. 中国历史上最早的农业推广法规《农业推广规程》是于（　　　）年公布的。

3. 农业推广的框架模型中包含（　　）和（　　）两个子系统。

4. 创新采用过程通常可以分为（　　）、（　　）、（　　）、（　　）和（　　）等五个阶段。

5. 创新采用者通常可分为（　　　）、（　　　）、（　　　）、（　　　）和（　　　）等 5 种类型。

6. 创新扩散程通常可以分为（　　　）、（　　　）、（　　　）和（　　　）等 4 个阶段。

7. 创新决策的类型主要有（　　　）、（　　　）和（　　　）等 3 种。

三、简答题

1. 怎样理解农业推广的发展趋势？

2. 现代农业推广的主要特征有哪些？

3. 根据农业推广的框架模型理论，怎样提高推广服务的工作效率？

4. 农业推广学的相关学科主要有哪些？

5. 创新采用率的影响因素主要有哪些？

6. 创新的特性可以从哪些方面来理解？

第 二 章

农业推广对象的行为

☑ 导言

　　行为科学作为现代科学管理理论的重要基础，也是农业推广学的理论基础之一。通过了解农业推广对象的行为产生及其改变规律，促使推广对象自愿改变行为，达到农业推广对象采用农业创新成果这一重要目标。根据行为改变理论，从行为产生的机理入手，通过了解推广对象的不同需要和营造行为改变的外部环境，充分利用和发展行为改变的驱动力，努力提高行为改变的有效性。我国正处于乡村振兴全面推进阶段，深入理解农业推广对象如家庭农场、农民专业合作社、农村集体经济组织的基本特征和经营模式，应用行为改变原理，改变推广对象行为，使他们成为农业农村现代化建设的主力军，为美丽乡村建设做出更大的贡献。

☑ 学习目标

完成本章内容的学习后，你将可以：

➤分析农业推广对象的构成；

➤ 阐述人类行为的特征、产生机理、行为产生的理论；

➤ 分析农业推广对象的社会交往行为、投入行为、科技购买行为特征；

➤ 阐述推广对象行为改变的难易度及过程；

➤ 分析推广对象个体行为改变的动力和阻力因素及二者作用模式；

➤ 分析推广对象行为改变的影响因素及策略；

➤ 阐述推广对象群体行为改变的规律及模式；

➤ 能为不同的推广对象制定适宜的行为改变方法。

>>> 第一节 农业推广对象行为的产生 <<<

一、农业推广对象的构成

在学习本章内容前，需要先了解农业推广对象包括哪些个体和群体。农业推广对象是农业推广工作的服务对象，农业推广的最终目的，是引导和促进农业推广对象行为的自愿改变，促进农业和农村的发展。改革开放 40 余年来，我国农村发生了翻天覆地的变化，农业推广对象也发生了很大变化，综合我国当前农业生产实际情况，农业推广对象主要包括六种类型。

1. 个体农户 改革开放以来，我国农业土地使用制度由"家庭联产承包责任制"，已逐步发展为长期实行土地承包经营制，个体农户是农业生产经营的基本单元和主体，这部分推广对象主要从事种植业和养殖业，人员多、范围广。如今，随着大量农村青年流入城市，个体农户呈现老龄化趋势，而且数量在逐步减少。2021 年中央一号文件提出，培育高素质农民，组织参加技能评价、学历教育，设立专门面向农民的技能大赛。部分个体农户由于资金充足、素质较高，逐渐扩大经营规模，发展成为家庭农场主或合作社带头人。个体农户是农业推广的主要对象。

2. 家庭农场 家庭农场是指以家庭成员为主要劳动力，从事农业规模化、集约化、商品化生产经营，并以农业收入为家庭主要收入来源的新型农业经营主体。2021 年中央一号文件提出：突出抓好家庭农场和农民合作社两类经营主体，鼓励发展多种形式适度规模经营；实施家庭农场培育计划，把农业规模经营户培育成有活力的家庭农场。家庭农场也是农业推广的主要对象。

3. 涉农企业 涉农企业是指从事农产品生产、加工、销售、研发、服务等活动和从事农业生产资料生产、销售、研发、服务活动的企业。涉农企业通常包括四种类型：从事农产品生产的企业、从事农产品加工的企业、从事农产品流通的企业、为农产品生产提供生产资料和服务的农资企业。随着我国农业产业化的推进，以"企业＋基地＋农户"为主要模式的农业产业化专业生产经营模式，就是把农产品生产、加工、销售结合起来，提高了农业生产效益，降低了农产品生产风险。目前，国家大力支持农业产业化龙头企业创新发展、做大做强，为涉农企业发展提供政策支持。涉农企业应列为农业推广的重要对象。

4. 农民专业合作组织 农村中的农民专业合作组织主要有两类：经民政部门注册或未注册的，不具有企业资格的各种专业协会；经工商部门注册的农民专业合作社和股份制合作社。《中华人民共和国农民专业合作社法》在 2006 年颁布，2017 年修订，该法对农民专业合作组织的健康发展起到了促进作用。随着农业产业化发展，生产规模的扩大，专业化程度的提高，介入市场的深度和广度增加，农民专业合作组织在农业中变得越来越重要。在发达国家，农业推广的主要渠道就是农民专业合作组织。2021 年中央一号文件提出，推进农民合作社质量提升，加大对运行规范的农民合作社的扶持力度。农民专业合作组织也将是农业推广的主要对象。

5. 农村集体经济组织 在农村，原有的人民公社和生产队的集体资产或集体经济组织有部分保留下来，从事农业生产和经营活动。在全面实施乡村振兴战略的新形势、新背景下，我国将持续推进农村集体经济组织和制度的创新改革，探索农村集体所有制的有效实现形式。2021 年中央一号文件提出，2021 年基本完成农村集体产权制度改革阶段性任务，发展壮大新型农村集体经济。因此，这类集体经济组织的经营者和劳动者也是新形势下农业推广工作的对象。

6. 国有农垦企业 国有性质的农垦企业包括国有农场、林场等，在乡村振兴大背景下形成了组织化程度高、规模化特征突出、产业体系健全、农业技术先进的独特优势，为我国的社会经济发展和粮食安全做出了重要贡献。国有农垦企业也是农业推广工作的重要对象。

二、人的行为构成要素、特征及其产生的机理

（一）人的行为的概念和构成要素

人的行为是指在一定的社会环境中，在人的意识支配下，按照一定的规范进行并取得一定结果的客观活动。农业推广对象作为人类个体或群体，其行为规律也符合人类一般规律。

要正确理解人的行为，就必须把握人的行为的四个构成要素。

1. 行为的主体 发生行为的主体是人。农业推广活动中，无论是个体行为还是群体行为，都是由具体的人作为推广对象，他们是推广活动的主体。

2. 行为的客体 行为总要与一定的客体相联系，作用于一定的对象，所作用的对象可以是人，也可以是物。农业推广活动中，行为作用的对象可能是与推广活动有关的人员，也有可能是推广的事物。

3. 行为的状态 行为是在人的意识支配下的活动，因此这种活动具有一定的目的性、方向性及预见性。推广对象行为的改变主要是在农业推广人员的引导下，自愿改变自己的行为。

4. 行为的结果 行为总要产生一定的结果，这种结果与行为的动机、目的有一定的内在联系。在农业推广活动中，准确掌握推广对象行为特征及改变

规律，调动其采用创新的积极性，可使其行为结果与农业推广方向一致。

（二）人的行为特征

人和动物都有行为，但人的行为与动物的行为有着本质的区别。人的行为是在后天生活实践中发展起来的，它具有以下主要特征：

1. 目的性 人的活动一般都带有预定的目的、计划及期望。人不但能适应自然，而且能按照自己的意图，通过一定的实践活动改造自然，以达到预期的目的。

2. 调控性 人能思考，会判断，有情感，可以用一定的世界观、人生观、道德观、价值观等来支配、调节和控制自己的行为。

3. 差异性 人的行为受外部环境和个体生理、心理特征的强烈影响，在国家、民族、性别、地区、时代等之间，人们的个体行为都表现出巨大的差异。

4. 可塑性 人的行为是在社会实践中学到的，受到家庭、学校、社会的教育与影响。一个人的行为会为了适应社会发展的需要而发生变化。

5. 创造性 人的行为是积极地认识和改造世界的创造性活动，受主观能动性的影响，人总是不断地有所发现，有所创造。

（三）人的行为产生的机理

行为科学研究表明，动机是人的行为产生的直接原因，动机是由人的内在需要和外界刺激共同作用而引起的，其中人的内在需要是行为产生的根本原因。一般来说，人的行为是在某种需要未满足之前，由需要萌发动机，在动机的驱使下实现某一目标，满足其所追求的需要的过程。

当一个人产生某种需要但尚未得到满足时，就会处于一种紧张不安的心理状态中，此时若受到外界环境条件的刺激，就会有寻求满足的动机；在动机的驱使下，产生想要满足此种需要的行为，然后向着能够满足此种需要的目标行动；实现目标后，需要得到了满足，原先紧张不安的心理状态就会消除。过一段时间之后，又会有新的需要和刺激，引发新的动机，产生新的行为……如此周而复始，不断产生新的行为。只要人的生命不止，行为的产生就永无止境，这就是人的行为产生的机理（图 2-1）。

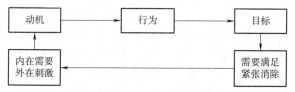

图 2-1 行为产生的机理示意图

资料来源：高启杰，2014. 农业推广学［M］. 北京：中国农业出版社.

三、行为理论及其在推广对象行为改变中的应用

（一）需要理论及其在推广对象行为改变中的应用

1. 需要理论　需要是人们在生活实践中感到某种欠缺而力求获得满足时的一种心理状态，即个体对生活实践中所需客观事物在头脑中的反映，或者说，是指人们对某种目标的渴求或欲望。需要是人类生产、生活的动力。从个体来说，人的一生是不断产生需要、不断满足需要、又不断产生新的需要的过程。

需要是引起动机进而导致行为产生的根本原因。人们生活在特定的自然及社会环境中，往往有各种各样的需要。一个人的行为，总是直接或间接、自觉或不自觉地为了满足某种需要。美国心理学家亚伯拉罕·哈罗德·马斯洛（Abraham Harold Maslow）于 20 世纪 40 年代提出了著名的"需要层次论"，把人类的需要划分为五个层次，认为人类的需要是以层次的形式出现的，按其重要性和发生的先后顺序，由低级到高级呈梯状排列，即生理需要—安全需要—社交需要—尊重需要—自我实现需要（图 2-2）。

图 2-2　需要层次论示意图

资料来源：高启杰，2014. 农业推广学［M］. 北京：中国农业出版社.

（1）生理需要。生理需要包括人类对维持生命和延续种族所必需的各种物质生活条件的需要，如对氧气、食物、衣服、水、住房、感情、睡眠等的需要。生理需要是人类最原始、最低级、最迫切也是最基本的需要，因而也是推动力最强大的需要，在这一级需要未满足之前，其他更高级的需要一般不会起主导作用。

（2）安全需要。安全需要包括心理上与物质上的安全保障需要，如对人身安全、职业保障、经济保障、医疗保险、养老保险的需要。当人的生理需要获得适当满足后，就产生了第二层次的需要——安全需要。马斯洛认为，人作为一个完整的有机体有追求安全的需要，人总是希望有一个身体和财产不受侵犯的生活环境，以及有一个职业受到保障、福利条件好的工作环境，时时处处均感到安全。

（3）社交需要。社交需要又称情感和归属的需要，指建立人与人之间的良好关系，希望得到友谊和爱情，并希望被某一团体接纳为成员，有所归属。马斯洛认为，人是社会的人，社交需要是人的社会性的反映。人都有一种归属感，都希望把自己置身于一个群体之中，受到群体的关心照顾。他认为，当社交需要成为人们最重要的需要时，人们便会竭力地与别人保持有意义的关系。

（4）尊重需要。尊重需要是自尊和受别人尊重而带来的自信与声誉的满足。人们希望他人尊重自己的人格，希望自己的能力和才华得到他人的公正的评价，在群体中确定自己的地位。

（5）自我实现需要。自我实现需要是人类最高层次的需要。希望能胜任与自己的能力相称的工作，发挥最大潜在能力；充分表达个人的情感、思想、愿望、兴趣、能力及意志等，实现自己的理想，并能不断地自我创造和发展。这是一种要求挖掘自身的潜能，实现自己的理想和抱负，充分发挥自己的全部能力的需要。

以上五个层次的需要是循序渐进的。在低层次的需要获得相对满足之后，才能发展到下一个较高层次的需要；较高层次的需要发展后，低层次的需要仍然继续存在，但其影响力已居于次要地位。由于个体的差异，不同的人需要的水平、对需要的满足程度可能不同。无论如何，当低一级的需要得到相对满足之后，追求高一级的需要便成为人们奋斗的动力。

2. 需要理论在推广对象行为改变中的应用　根据推广对象的需要进行推广，是行为规律所决定的，也是社会主义市场经济的客观要求。在推广工作中，农业推广机构和人员应注意以下几个问题：

（1）深入了解推广对象的实际需要，满足其合理需要。根据需要层次理论，了解农业推广对象实际需要特别重要。在开展农业推广活动前，推广人员首先要调查农业推广对象存在哪些需要，分析这些需要分别处于什么层次，然后辨别合理与不合理、合法与不合法需要，最后根据农业生产实际情况和条件，利用或创造条件满足其切实可行的合理需要。

（2）分析推广对象需要的层次性，制定不同的推广目标。不同推广对象在不同发展阶段需要层次有明显的差异。根据需要层次理论，推广人员应对不同的群体（涉农企业、合作社、农村集体经济组织）和不同个体制定个性化的推广目标，满足不同群体、不同推广对象的需要。例如，种植专业合作社在作物秸秆还田和耕地深翻等技术需求方面要比分散的普通农户迫切，他们更注重作物生产的良性循环。分散经营的个体农户更注重通过调整品种、肥料等来提高当季产量。

（3）分析推广对象需要的主导性。同一推广对象的需要不是单一的，而是分层次的。其中，某种需要在一定时期内起主导作用，只要满足该需要，就会产生较好的效果。例如，多数推广对象在需要新技术的同时，也需要尊重。部分推广人员在进行新技术推广过程中，往往过分依赖种养大户等而较少关注小农户，这就使得小农户感觉自己不被重视而对推广的新技术表现冷淡，不愿意采用新技术。有的推广人员特别重视与小农户处好关系，与这些农户平等相待，关心小农户实际需要，他们推广的新技术往往小农户乐意采用。

（4）分析消费者需要，引导推广对象开展产业化经营。改革开放40余年来，我国农业推广对象服务的消费者群体发生了很大变化，农业为消费者提供吃饭、穿衣的传统服务功能已经被多元化服务代替。当前消费者的观念发生了很大变化，由吃饱穿暖变为吃好、穿好、体验好。这对农业生产者提出了更高的要求，农产品的品质、生产者的信誉及售后服务等受到重视。农产品品牌建设成为农业产业化发展的关键环节。在农业推广活动中，顺应消费需求，引导推广对象开展产业化经营是农业健康发展的重要途径。

（二）动机理论及其在推广对象行为改变中的应用

1. 动机的特征　动机是一个人为满足某种需要而进行活动的意念或想法。由于人的需要是多种多样的，因而可以衍生出多种多样的动机。一个人身上，往往会交织着多种动机，这些动机虽多，但都有以下特征：

（1）各种动机力量的强度不同。有些动机的力量强，有些较弱。一般来说，最迫切的需要是主导人们行为的强势动机。

（2）各种动机的方向不同。在多种方向的动机中，力量最强的动机，具有决定方向的作用，而其他动机决定方向的作用较弱。

（3）各种动机目标意识的清晰度不同。人对自己的各种动机目标的意识程度存在很大差异。一个人对预见到的某一特定目标的意识程度越清晰，推动行为的力量也就越大。

（4）各种动机指向目标的远近不同。有些动机是指向短期目标，有些动机是指向长远目标，长远目标对人的行为的推动力比较持久。

2. 动机的作用

（1）始发作用。动机是产生行为的动力。行为之所以能产生，是由动机驱使的。当人的需要转化为动机之后，人就开始有所行动，直至目标的实现，或者直到需要达到满足。

（2）导向作用。动机是行为的指南针。行为指向何方，必须由动机来导向，否则动机和行为目标就要分离。动机对行为的导向，是在反馈中不断进行的。在行为发生、持续、终止的整个过程中，要保持需要、动机、目标的一致性，减少不必要的曲折，顺利实现需要、动机所追求的目标。

（3）强化作用。动机的始发作用是行为过程的前提，导向作用是保证动机和目标一致性的指针，而强化作用是加速或减弱行为速度的催化剂。动机和结果可以表现为一致，又可以表现为不一致。有了好的动机，不一定会有好的结果。为了使动机、结果和目标一致，应该充分发挥动机的强化作用。强化作用可以分为正强化作用和负强化作用。当行为和目标一致时，要发挥动机的正强化作用，加速目标的实现。如果行为和目标不一致时，就要采取负强化的办法，使进程减速，调整行为使其与目标一致。

3. 动机理论在农业推广中的应用

（1）分析推广对象动机类型。由于人的需要具有多层次性，因而动机具有多样性。在新技术推广及农资经营服务中，深入了解推广对象的需求动机类型，针对性地采取推广策略与方法，对于推广对象行为的改变具有重要意义。有些推广对象特别关注新成果、新技术的发展，只要有新成果、新技术，他们就愿意试用，推广人员积极引导这些人员开展新成果、新技术的试用，往往对其他人有引领示范效应。

（2）重视推广对象动机激发。推广对象的需求常处于潜伏或抑制状态，需要外部刺激加以激活。外部环境条件的优劣对农业推广对象行为的发生产生较为重要的影响，积极的和完善的外部环境条件会强化农业推广对象的动机，进而促进农业推广对象行为的发生。在农业推广实践中，推广机构和人员可通过高质量的产品和服务来打动推广对象，改善推广对象生产生活环境，有效地激发推广对象对新技术、新成果的采用动机。

（三）激励理论及其在推广对象行为改变中的应用

所谓行为激励，就是激发人的动机，使人产生内在的行为冲动，朝向期望的目标前进的心理活动过程，也就是通常所讲的调动人的积极性。这里介绍推广对象行为改变中应用到的操作条件反射理论和期望理论。

1. 操作条件反射理论 操作条件反射理论由美国心理学家伯尔赫斯·弗雷德里克·斯金纳（Burrhus Frederic Skinner）提出。斯金纳认为，人的行为是对外部环境刺激的反应，只要创造和改变环境条件，人的行为就可随之改变。该理论的核心是行为强化。所谓强化，就是增强某种刺激与某种行为反应的关系。如前文所述，强化包括正强化和负强化。

2. 期望理论 期望理论由美国心理学家维克托·弗鲁姆（Victor H. Vroom）于1964年提出。他认为，确定恰当的目标和提高个人对目标价值的认识，可以产生激励力量。激励力量是指调动人的积极性，激发人的内部潜力的作用力的大小。激励力量可用以下公式来表示：

$$激励力量（M）= 目标价值（V）\times 期望概率（E）$$

目标价值是指达到目标对于满足个人需要的价值，即某个人对他所从事的工作或所要达到的目标的效用价值的评价；期望概率是指一个人对某个目标能够实现的可能性（概率）的估计。

对于同一个目标，不同的人对此目标的效用价值理解不一定相同。如果有人认为达到某个目标对自己的影响特别大，非常重要，那么目标价值就是正值；如果有人认为达到某个目标对自己毫无用处，那么目标价值就是零；如果有人认为达到某个目标对自己而言不但没有好处，反而还有害处，那么目标价值就是负值。目标价值无论是正值还是负值都有大小、高低之别。期望概率的值通常为 0～1，0 为毫无把握，1 为完全有把握。

目标价值和期望概率的不同组合，决定着不同的激励强度：

$$V_{高} \times E_{高} = M_{高} \quad 强激励$$

$$V_{中} \times E_{中} = M_{中} \quad 中激励$$

$$V_{高} \times E_{低} = M_{低} \quad 弱激励$$

$$V_{低} \times E_{高} = M_{低} \quad 弱激励$$

$$V_{低} \times E_{低} = M_{低} \quad 极弱激励或无激励$$

从激励力量公式可以看出：

（1）一个人追求某一目标的行为动机的强度，取决于他对目标价值的重视程度和对可能达到目标的信心。当他对所追求的目标价值看得越重，认为能实现这一目标的概率越大，他的动机就越强烈，激励的水平就越高，内部潜力就会充分调动起来。

（2）同一目标对不同的人所起的激励作用是不同的，这是由于每个人对这一目标价值的评价、对实现目标的期望概率的估计不同。个人所感受到的激励力量既受到个人的知识、经验、价值观念等主观因素的影响，又受到社会政治、经济、道德风气、人际关系等环境因素的影响，致使人们在认识上会有其目标价值和期望概率的不同组合。

3. 激励理论在推广对象行为改变中的应用

（1）确定合理的推广目标，科学设置推广项目。期望理论表明，恰当的目标会给人以期望，使人产生心理动力，激发热情，引导行为。目标确定是增强激励力量最重要的环节，因此在确定目标时，要尽可能地使推广目标中包含更多推广对象的共同要求，让更多的推广对象看到自己的切身利益，把推广目标和个人利益高度联系起来。同时，确定目标要尽量切合实际，只有所确定的目标经过努力后能够实现，才能激起推广对象的工作热情，如果目标太高，实现起来有很大困难，推广对象的积极性就会大大削弱。

（2）认真分析推广对象的心理，激发推广对象兴趣。同一目标，在不同人的心目中会有不同的目标价值，甚至同一目标，由于内容、形式的变化，也会产生不同的目标价值。因此，要根据推广对象的具体情况，采取不同的方法，深入地进行思想动员，讲深、讲透所要推广的项目的价值，提高推广对象对其重要意义的认识。当推广项目能够引起推广对象的重视，使他们觉得很有意义时，目标价值就会提高，激励力量就会增强。

（3）提高推广人员素质，积极创造良好的推广环境。恰当的期望值是提高人的积极性的重要因素。对期望值估计过高，盲目乐观，到头来实现不了，反受打击；对期望值估计过低，过分悲观，容易泄气，会影响信心，所以对期望值应有一个恰当的估计。当一个合理的目标确定以后，期望值的高低往往与个人的知识、能力、意志、气质、经验有关。要使期望变为现实，要提高推广人员素质，要求推广人员训练有素，既要有过硬的专业技术本领，也要有良好的心理素质，同时要努力创造良好的推广环境，排除不利因素，创造实现目标所需的条件。

>>> 第二节　我国农业推广对象行为特征 <<<

不同时期农业推广对象行为存在一定的差异。因此，对当前我国农业推广对象行为特征的认识和了解，有助于在推广活动中促进推广对象行为的改变。推广对象的社会行为、经济行为和科技购买行为与农业推广关系密切。

一、推广对象的社会行为

（一）交往行为

交往行为是个人与个人、个人与群体或群体之间相互作用、相互影响的表现形式。在农业产业化发展的过程中，我国农业推广对象交往行为发生了很大变化。

1. 交往对象的等级化　随着我国市场经济的发展和农村社会结构的分化，农业推广对象自觉或不自觉地对交往对象划分等级，在交往过程中就有轻重缓急和先后之分。推广对象对某一种资源的需求程度越高，能提供这一资源的交往对象在等级体系中的地位就越高；交往对象的社会地位越高，在推广对象的交往对象等级体系中的地位就越高。

2. 交往方式的多元化　以血缘、地缘、业缘为基础的推广对象交往方式是农村社会基本交往方式。随着更为便捷的交通工具和新型传播媒介的出现和发展，推广对象活动地域及接受新生事物的范围都扩大了，传统的交往方式逐渐弱化。"利缘""趣缘""机缘"等陌生人交往方式打破了农村封闭的交往方式。

陌生人之间没有共同的信任基础，需要通过健全的契约制度去维持理性交往秩序。乡村振兴背景下，推广对象熟人之间的交往虽然主要依靠伦理道德、传统习俗进行约束和调节，但正式的规章、制度和法律等"契约制度"正逐渐发挥着重要的作用。

（二）社会参与行为

推广对象的社会参与行为是指推广对象参加社会管理、经济决策及技术决策等活动的行为。推广对象的社会参与行为是农业和农村健康发展的重要保证。增强推广对象民主意识、调动推广对象社会参与的积极性，是对推广对象人格的尊重、才能的重视，是农村社会发展的重要内容。我国农业推广对象社会参与行为有如下特征：

1. 推广对象的社会参与行为在逐渐增多　农村实行家庭联产承包责任制至今，推广对象自主生产经营，可以按照自己所思所想自由地安排生产，在这种大背景下，推广对象的社会参与行为在逐渐增多。同时，随着市场经济的发展，推广对象内心深处具有强烈的社会生产生活参与意识，如果政府部门和推广机构能够为推广对象提供较多的参与机会并创造较好的条件，就能够推动推广对象参与。农村集体经济组织的健康运行、专业合作社的健康发展、家庭农场的发展壮大都离不开推广对象积极参与社会活动。因此，在农业推广项目选择、项目推广等工作中要充分利用推广对象的社会参与积极性，让他们参与推广项目的可行性论证，参加试验、示范、推广宣传等活动，从而鼓励参与者的行为，带动并促进更多的推广对象参与到推广活动之中，使项目推广工作做得更好。

2. 不同类型的推广对象参与意愿差异明显　在农村，部分推广对象是被动参与社会行为，他们一般不参加社会管理和决策，只是被动地执行。因为推广对象是被动参与社会活动，没有调动他们的社会参与积极性，他们的参与意识并不强。部分推广对象文化素质较高，眼界开阔，信息沟通渠道多，与大专院校、农业研究机构、政府部门、涉农企业等保持良好关系，他们往往主动参与社会活动，积极参与与其有关的农业项目的实施。

一般情况下，年轻人社会参与意识比年纪大的人强，文化程度高的推广对象比文化程度低的推广对象社会参与意识强。如有些农村集体经济组织发展较好是由于年轻村干部思想活跃、眼界开阔，能够与外界广泛联系，为农村争取好的发展项目，延长了农业产业链。

二、推广对象的经济行为

(一)推广对象经济行为的基本特征

推广对象的经济行为因收入水平、收入结构、经营规模、经营方式等不同而不同。个体农户、家庭农场、农民专业合作社等农业推广对象经济行为具有以下特征:

1. 趋同性 趋同性是指推广对象在做出某个决策或采取某种行为时总是尽量与周围的人或者组织保持一致。趋同性的产生与推广对象居住方式和自身素质有很大关系。大多数推广对象居住在农村,获取信息途径少,信息分辨能力差,获取新知识、新技术较困难,又加上文化素质较低,农业专业知识缺乏,不能及时更新自己的知识和技术,因而在农业生产中,除政府引导外,主要依靠周围人的示范、交流。这就造成他们对新成果、新技术了解较少,通常选择成本低、效果立竿见影的成果技术,来尽量减少经济行为对个体或者组织的影响。例如,当前土壤基本耕作措施有旋耕、翻耕、深松三种。旋耕作业耕深较浅,一般为16~18厘米,但由于一次作业能达到耕地、搅拌、平整的效果,相对投入费用少,在生产中易被广大农户接受;翻耕作业深度可达30~50厘米,可以蓄水保墒、增厚活土层、熟化土壤,翻耕对作物有增产作用但需要连续耕作多年才能看到,由于翻耕后还需要旋耕或者耙地来平整土地,因此需要的成本要高于旋耕;深松是近年来才开始推广的耕作措施,深松可以达到翻耕作业深度,能够起到土壤疏松通气、蓄水保墒、增厚活土层的作用,但由于推广对象不了解这一耕作方式,其不太被推广对象接受,因此个体农户常选择多年连续旋耕来整地,导致土壤理化性质变差,作物产量和品质下降。

推广对象的经济行为表现出明显的趋同性,在当前产业化发展中也有积极意义。2020年中央一号文件提出,重点培育家庭农场、农民合作社等新型农业经营主体,培育农业产业化联合体,通过订单农业、入股分红、托管服务等方式,将小农户融入农业产业链。推广对象经济行为的趋同性,只要正确引导,照顾小农户利益,就可以把分散经营的小农户组织起来,进行规模化生产,对接大市场。

2. 随意性 农业生产与其他产业相比,有其明显的特点,表现为严格的地域性、明显的季节性、生产的连续性等。在生产中由于推广对象专业知识缺乏,在新成果、新技术采用过程中,往往加入自己的理解、经验,随意性较强,不能准确按照推广程序、技术应用范围安排生产;或随意采用未经试验、示范的成果、技术,有时候会带来巨大的经济损失。如地处冷凉地区的某村为了发展油菜花节旅游项目,从本省南部较温暖地区购买油菜种子进行秋季播种，由于油菜种子不能适应当地寒冷的气候，导致种植的 100 亩* 油菜苗全部冻死，给村集体带来很大的经济损失。

近年来，有些地方政府为了加快当地农业产业发展，在没有全面调查研究的基础上，大规模引进、发展某一技术，推广技术本身一般没有问题，却往往在销售环节没有充分考虑市场需求，导致当地生产出来的农产品不能顺利销售，给广大种植户、农业专业合作社、涉农企业带来了很大的经济损失。

3. 短期性 短期性指推广对象在进行农业生产和采取某种经济行为时，缺乏长远规划和全局观念，不断地赶潮流、跟风走。这是因为大多数推广对象没有充裕的资金，没有大量可靠的信息，也不能承担长期投入的风险，当看到短期内有利可图时，就投入生产，追求近期可以实现的利益，较少考虑长远利益。例如，由于我国城市绿化需要大量绿化苗木，许多推广对象看到别人种植绿化苗木比种植大田作物经济效益高，就放弃大田作物种植，改种绿化苗木。有些推广对象种植的绿化苗木与城市绿化苗木需求较一致，且有一定的销售渠道，因而取得了不错的经济效益；有些推广对象种植的绿化苗木出售困难，是因为资金不足，不能调整种植其他绿化苗木，白白投资大笔租地费、人工费、苗木购置费等。

4. 个体性 我国农村家庭承包经营责任制的实行，从政策上强化了推广对象经营的个体性。部分推广对象不愿意与他人合作经营，害怕自己的利益受到损害，基本上是个体农户或家庭经营。随着市场经济的发展，这种小规模的个体经营模式弊端越来越明显，不利于农业生产的发展。近年来，各种农业专业合作社如雨后春笋般涌现出来，带来了农业发展新气象，但一些合作社也存在部分农业专业合作社经营管理不善、领导者管理能力不强、合作社成员相对素质偏低、小农意识依然存在、不能全面考虑合作社整体利益等问题，导致运行状态不佳。

（二）推广对象的经济投入行为

1. 推广对象经济投入行为的特征 推广对象经济投入行为是指推广对象用于发展经济再生产所需货币资金的投入。当前我国推广对象经济投入的行为特征有：

（1）在推广对象总投资中，农业投资比重呈现两极分化趋势。生产经营好的推广对象扩大了生产规模，为了提高农业生产效率、服务质量、产品品质等，农业投资比重逐渐增加，如种养大户、农机专业合作社等。近年来，农业生产中大、中、小机具升级换代，配套设备日趋完善，更好地适应了生产和市

---

* 亩为非法定计量单位，1 亩≈667 平方米。

场的需求。有些推广对象，由从事农业为主转为了从事第二、三产业，逐渐减少了农业投资比重，劳动力逐渐从农业领域转移到了非农领域。那些从农业领域转移出来的劳动力农业投资比重逐渐减少，甚至完全脱离农业生产。农业投资结构中，不同地区、不同收入水平推广对象间也有很大差别。

（2）推广对象农业投资结构趋于专业化生产。在推广对象农业投资中，逐渐趋于专业化生产投资。在农村实行家庭联产承包责任制之初，农户种植几亩土地，养几只羊、几头猪、几只鸡（鸭、鹅）的现象在农村很普遍，通过种植作物解决了农户温饱问题，通过养殖增加了农户收入。这种生产模式显示出个体生产的优越性，调动了农户的生产积极性，但随着我国市场经济的发展，这种生产模式的一些弊病逐渐显现。

在增加自身收入的内在动力驱动下，结合国家产业结构调整的外部鼓励，我国推广对象农业投资逐渐向专业化、产业化方向发展。如有些个体农户逐渐发展为种植大户、养殖大户；有些农户通过联合办起了农业专业合作社，同时也涌现出大批涉农企业。如某农机专业合作社主要从事小麦、玉米、高粱全程机械化服务，从整地、播种直至收获的全程，机械配置齐全，服务了一方百姓，提升了专业合作社的服务质量和效益。

2. 推广对象经济投入行为的影响因素

（1）推广对象的经济实力。推广对象的经济实力高低决定了其投入能力的大小。经济实力雄厚、生产规模较大的推广对象，更愿意加大生产性投入来有效提高劳动生产率，减少劳动力投入。经济实力差的推广对象往往只投入一些必要的资金，如资金少的农户基本不会考虑投资较贵的农机具，只投入农药、种子、化肥等必需农用物资。

（2）推广对象的专业文化素质。推广对象的专业文化素质对推广对象经济投入有很大的影响。整体来看，我国农业推广对象专业文化素质随高等教育的普及、社会职业培训质量的提高而有明显提高，但不同专业文化素质推广对象经济投入差异较大。由于劳动力成本不断增加，高素质推广对象多会吸收现代信息技术成果，降低劳动力投入，增加智能化生产、流通设备，这就需要推广对象投入更多资金，改善生产、流通条件，提升劳动生产率，降低生产成本，进而提高推广对象行业竞争能力，保障农业产业健康发展。

（3）推广对象的经营规模。一般来说，经营规模越大，农业投入积极性越高，相反，经营规模越小，农业投入积极性越低。在农业生产中涌现出的家庭农场、合作社、农村集体经济组织、涉农企业更加注重在扩大生产经营规模的基础上，加大高新技术、设施、设备等投入，使得生产效率不断提高，产品与服务适应市场变化与需求，不断提高经济效益和社会效益。经营规模小的推广对象,相对而言,农业投入积极性不高,以期以小的投入得到相对稳定、自足的经济效益。

(4) 产业的比较利益。作为商品生产者,推广对象在价值规律支配下,预期收入最大化是选择项目和资金投入行为的准则。在产业比较收益较低的情况下,推广对象会维持或减少劳动力和资金的投入;当产业比较收益高时,推广对象又有较强意愿增加产业投资。随着国家支持各地立足资源优势打造各具特色的农业全产业链,形成有竞争力的产业集群,推动农村一二三产业融合发展。一些非农产业的资金持有者看到农业农村发展前景广阔,认为通过投资农业生产参与到美丽乡村建设中,也可以获得较好的经济效益,逐渐转入农业领域。

(三)推广对象的生产经营行为

当前我国农业推广对象的生产经营行为的特点主要表现为:

1. 商品性生产取代自给性生产　改革开放以后,在相当长的时期内我国传统的小农经济与市场经济并存,农村中推广对象生产经营行为表现为商品性生产与自给性生产并存。随着我国农业产业化、商品化加速发展,农业推广对象的生产逐渐提高了商品化生产率。家庭农场、农业专业合作社、涉农企业等规模化生产主体面向市场,商品化率高;广大个体农户种植作物种类减少,农产品大部分出售,只留一小部分自己消费。社会分工越来越细,推广对象消费品都可以通过市场购买。

2. 行为的一致性与多样性并存　整体来看,我国同类农业推广对象的生产经营行为具有相当的一致性。当某种农产品在市场上供不应求、价格上涨时,大家一拥而上都生产该农产品,使其来年或者几年后供应量大增,而当这种农产品在市场上供过于求、价格下跌时,推广对象又纷纷放弃该农产品的生产。目前种植业和养殖业中都存在这种价格忽高忽低的情况。

不同类型推广对象从事的生产经营行为存在多样性。如农民专业合作社可以是种植专业合作社,也可以是养殖专业合作社、供销专业合作社、农机专业合作社等。现在很多农村集体经济组织,遵循市场规律,紧密结合自身实际情况,开展专业化生产经营,如谷子专业化生产,大棚蔬菜种植,果树、花卉种植等,农业生产呈现出产、供、销结合,各具特色、有效衔接的良好发展局面,也符合当前一村一品产业发展要求。

三、推广对象的科技购买行为

科技购买行为是推广对象有偿采用创新的一种生产性投资行为,是农业创新传播、有偿推广服务的一种重要形式。多数物化农业科技成果和农业技术带有生产资料的性质，可以作为商品向推广对象销售，从而实现农业科学技术的商品化。

（一）推广对象科技购买的动机类型

1. 求新购买动机 这类推广对象认为，新的总比旧的好。对同一类型农业成果、技术和产品的购买，这类推广对象总是喜欢追求新成果、新技术、新产品。如今农业生产中农药、种子、农机具新产品的不断涌现，为求新购买动机推广对象提供了丰富的选择机会，也有利于新成果、新技术、新产品的推广。

2. 求名购买动机 这类推广对象在科技购买时，追求名牌产品，对大型科研单位、农业院校、知名专家、信誉好的企业研发的产品特别信任，更愿意购买。同时，为买名牌、保质量，也愿意花费高出非名牌产品的价格购买。

3. 求同购买动机 在从众心理的作用下，不少推广对象看到亲戚、邻居等人买什么就跟着买什么。这部分推广对象在科技购买时追求大众化的技术或产品，与周围的人保持同步。

4. 求实购买动机 这类推广对象在科技购买时，讲求物美价廉，特别注重技术或产品的实惠性、耐用性、可靠性、安全性及价格的合理性等。

5. 信任购买动机 这类推广对象在具体购买科技产品时，自己拿不定主意，相信推广人员或者销售商，并向他们咨询、请教，常常根据推广人员或者销售商的建议作出购买决策。推广人员或销售商只有诚信经营，产品和技术过硬，才能获得推广对象信任。

6. 惯性购买动机 这类推广对象习惯购买用惯了的技术和产品，如个体农户用惯了某一种杀虫剂，就往往对杀虫效果更好的药剂也不愿意接受。

（二）推广对象科技购买行为的类型

在科技购买活动中，不同的推广对象在进行科技购买时具有不同的心态和行为特点，可分为以下类型：

1. 理智型 这类推广对象对技术产品的性能、用途、成本、收益等仔细询问，对不同产品进行对比分析，头脑比较冷静，比较谨慎，有自己的见解，不易受他人的影响。对这类推广对象，要以科学事实为依据耐心说服，才可能促使购买。

2. 冲动型 这类推广对象易受外界的影响，对产品的情况分析不仔细，常常在头脑不冷静的情况下做出购买决定。这类推广对象，往往容易上当受骗或者事后后悔。推广人员要广泛宣传、因势利导，让他们在理智的情况下做出合理的购买决定。

3. 经济型 这类推广对象重视技术的近期效益和产品的价格，喜欢"短、平、快"技术和廉价商品。对这类推广对象要注意让利销售，以促使他们购买。

4. 习惯型 这类推广对象喜欢购买自己经常使用的技术或产品，购买行为通常建立在信任和习惯的基础上，较少受广告宣传的影响。

5. 不定型 这类推广对象没有明确的购买目标，缺少对技术商品进行选择的常识，缺乏主见，易受别人影响。对这类推广对象，推广人员要对其需求进行认真分析，特别注意要耐心引导，促进购买。

（三）推广对象科技购买活动的构成

推广对象科技购买活动由"5W+1H"构成。

1. 购买者（who） 这是购买的主体。分析某项技术产品对哪类推广对象有兴趣、有吸引力，可能购买者是谁。如大型农机具往往是国有农垦企业、集体经济组织、农机专业合作社购买，小型农机具往往是个体农户购买。

2. 购买什么（what） 这是购买的客体。就推广对象而言，根据咨询及生产情况，分析其到底需要购买什么技术产品。如生产有机食品的推广对象购买农药时，选择的农药一般为生物农药，化学农药是不能使用的。

3. 为何购买（why） 这是购买的原因。分析推广对象需要解决什么问题以及该产品是否能起到相应的作用。

4. 何处购买（where） 这是购买的地点。分析了解推广对象喜欢而且经常光顾的地方，在适宜产品使用的地方建立技术市场或销售网点。当前网上购买也是农业推广对象可选择的购买途径。

5. 何时购买（when） 这是购买的时间。根据该技术产品的适用对象和农业生产季节性的特点，分析推广对象使用产品的时间、购买时间以及需要推广人员进行技术指导的时间。随着产业化的发展，产前准备也应提早进行，以免耽误农业生产。

6. 如何购买（how） 这是购买的方式。根据产品的属性（技术型或实物型）和推广对象的采用情况，分析推广对象的购买支付方式和需要的技术服务方式。目前，农民专业合作社或者涉农企业往往需要技术人才给他们在生产中进行技术服务，通过长期聘用或者短期指导来购买服务。

>>> 第三节　农业推广对象行为改变 <<<

分析推广对象行为改变的过程、动力与阻力、策略和方法，实现推广对象行为的自愿改变是农业推广学研究的重要内容。

一、推广对象行为改变的层次与过程

（一）推广对象行为改变的层次

　　农业推广工作的重要任务之一是推动推广对象行为的改变。实践表明，推广对象行为是可以改变的，但是，要有目的、有组织地改变推广对象的行为有相当大的难度并需要经过一定的时间。比较而言，知识的改变比较容易；态度的改变则会增加困难，所需时间也更多；最困难的、花时间也最长的是群体行为的改变（图 2-3）。因此，要有目的地改变推广对象的行为必须考虑各方面的因素，从易到难，使其在知识、态度、技能等方面都有所改变，才能使推广对象行为相应地改变。

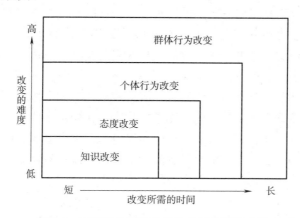

图 2-3　不同行为层次改变的难度及所需时间

资料来源：高启杰，2014. 农业推广学［M］. 北京：中国农业出版社.

（二）推广对象行为改变的过程

　　推广对象行为改变的过程有三个步骤：一是具体学习的改变，二是行动的改变，三是发展性的改变。

　　1. 具体学习的改变　具体学习的改变指知识、态度、技能三方面的改变，即增长知识、改变态度、增加技能。这是推广对象行为改变的最基本步骤，为推广对象行为改变奠定基础。

　　（1）知识的改变。推广对象是生产劳动者，具有丰富的农业生产经验，但多数推广对象对现代科学技术和知识的认识和掌握还不够。在改变推广对象行为前，首先要强化推广对象的知识，可通过推广教育与培训使推广对象对新成果、新技术、新知识有一定的认识并产生兴趣，进而产生愿意学习和采用这一成果、技术、知识的行为趋向。

　　（2）态度的改变。在知识改变的基础上，通过认识的改变，特别是情感的改变来达到意向的改变。例如，通过推广教育，推广对象对某项新技术从开始认识到逐渐产生兴趣并有极大热情，从而抛弃旧技术准备采用新技术就是态度的改变。态度的改变一般要经过三个阶段：①服从阶段。推广对象表面上转变了观念与态度，但内心并未真正改变，只是被动地接受新技术。②认同阶段。推广对象不是被迫而是自愿接受新的观点、信念和技术等。③同化阶段。推广对象真正从内心深处相信并接受新的观点、信念等，彻底改变了自己的态度，并把新观点、新思想纳入自己的价值体系之内。在此阶段，推广对象是自觉地接受新技术。态度改变比知识改变难度大，花费的时间长，是行为改变关键的步骤。

（3）技能的改变。就是推广对象通过学习和训练并掌握了某项新的技艺，能够在生产实践中自如地应用。推广对象一旦态度发生改变，就会主动通过各种途径学习农业生产新技能。通过在实践中试用，他们知道这些新技能更适用，就会促使他们学习更多的新技能，当这些新技能应用熟练后，他们就能更好地从事农业生产活动了。

2. 行动的改变　推广对象实际行动的改变，是可以观察到的。推广对象在推广人员指导下，学会和掌握了先进的技术，在应用新技术中受益的推广对象就会认可和接受新技术，并在生产中加以应用，进而全部取代旧的技术，这就是个体行为的改变。少数推广对象的示范作用，能辐射带动大多数推广对象自愿地接受新技术，使新技术在农业生产中得到广泛的推广应用，这就是群体行为的改变。

3. 发展性的改变　发展性改变是指个人能力、性格的改变。推广对象的发展性，包括组织管理才能、合作共事能力、分析和解决问题能力、学习能力及责任感等的改变。通过对推广对象知识、技能的培训，推广对象自身综合素质会大大提高。

二、推广对象个体行为的改变

（一）推广对象个体行为改变的动力因素与阻力因素

在某一特定的农村环境中，推广对象个体行为的改变是动力和阻力相互作用的结果。

1. 推广对象个体行为改变的动力因素

（1）推广对象自身的经济需要引起的内在驱动力。大多数推广对象有发展生产、增加收入、改善生活的愿望。随着我国农业产业化的发展，市场经济的完善，推广对象发展经济的愿望越来越强烈，要求不断地提高物质生活和精神生活水平。这些经济发展的需要不断激励推广对象采用新成果、新技术。

（2）社会环境的改变对推广对象的推动力。现代科学技术为广大推广对象提供了先进的生产技术和经营方法；推广服务体系为推广对象提供农业生产中所需的信息、技术、物资等全方位的服务；政府制定出各项促进农业发展的政策和发展规划，极大地调动了推广对象的生产积极性。推广机构、教育、科研、供销、运输、信贷等有关方面协作开展推广工作，增加了推广对象认识、接受和采用新技术的机会。

2. 推广对象个体行为改变的阻力因素

（1）推广对象自身障碍。有些推广对象思想比较保守，不喜欢尝试，只顾眼前利益；有些推广对象文化程度较低，接受和掌握新技术、新知识的能力较差。这些就使得推广对象缺乏采用新技术的动机，阻碍他们行为的改变。

（2）农业环境障碍。农业环境障碍的主要表现为两个方面：农业比较效益低和农业方面投入不足。任何农业创新，如果在经济上不能给推广对象带来较丰厚的收益，就不可能激励推广对象行为的改变。另外，某项创新即使有一定的吸引力，但缺乏必要的生产条件，推广对象也难以采用。只有增加对农业的投入，改善农业生产条件，才能推动推广对象行为改变。

（3）农业生产潜在风险障碍。农业生产具有区域性、生产连续性、明显季节性等特点，同时又受自然灾害（如低温冷害、冰雹、病虫害、干旱、洪涝）影响特别大，在生产上新成果、新技术的采用潜在风险可能更大。如果推广对象在采用新成果、新技术时没有掌握正确的方法，可能会造成经济损失。如采用高粱、谷子免间苗精量播种技术时，就需要选用合适的播种机，调整好种植密度，农机操作人员要有丰富的作业经验，播种深度适宜，否则可能导致幼苗出苗不整齐，从而打击采用者的积极性。

（二）推广对象个体行为改变的动力与阻力互作模式

在推广实践中，动力因素促使推广对象采用创新，阻力因素又阻碍推广对象采用创新。当阻力大于动力或两者平衡时，推广对象采用行为不会改变；当动力大于阻力时行为发生变化，直到创新被采用，出现新的平衡。之后，推广人员又推广更好的创新，调动推广对象的积极性，帮助他们增加新的动力，打破新的平衡，又促使推广对象行为的改变。因此，农业推广工作就是在推广对象采用行为的动力和阻力因素的相互作用中增加动力减少阻力，推广一个又一个创新，推动推广对象向一个又一个目标前进，促使农业生产水平从一个台阶上升到另一个台阶（图 2-4）。

（三）推广对象个体行为改变的影响因素及策略

1. 推广对象个体行为改变的影响因素　社会心理学家库尔特·勒温（Kurt Lewin）揭示了人类行为的一般规律，认为人的行为取决于内在需要和

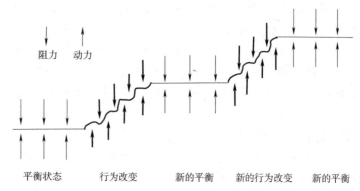

图 2-4　行为改变中动力与阻力的互相作用模式

资料来源：高启杰，2014. 农业推广学［M］. 北京：中国农业出版社.

周围环境的相互作用，可用行为公式表示如下：

$$B=f(P, E)$$

式中：B 为个人行为，P 为个人特性，E 为个人所处外部环境，f 表示函数关系。

在环境因素中，只有那些能被个体感知到的环境因素才能构成心理环境，才能影响个体的行为。

推广对象个体行为改变的影响因素有个体自身因素和环境因素。

码 2-1
影响个体行为
的心理力场

（1）个体自身因素。①生理因素。如生理需要、生理特征及健康状况等。②心理因素。如信仰、价值观、道德和法律观念、兴趣、能力、性格等。③文化因素。如文化素质、职业教育、实践经验等。

（2）环境因素。①自然环境因素。如生产环境、生活条件与环境等。②经济环境因素。如政策、市场、价格、贷款等。③社会环境因素。如群体、组织、领导、民族文化传统、国际文化交流等因素。

2. 推广对象个体行为改变的策略　要改变推广对象行为，必须改变推广对象个人特性或外界环境，或者同时改变二者。所以，可得出三种改变推广对象的策略（图 2-5）。

（1）以改变推广对象为中心的策略。①直接改变推广对象的观念和行为。在推广某项技术创新的过程中，推广人员应尽可能多地运用各种推广方法，如示范教育、个别指导、技术培训等，提高推广对象的科技素质，帮助不同类型的推广对象改变观念与态度，帮助他们获得应用该项技术创新的知识与技能，帮助他们增强行为改变的内在动力。②通过群体促进个体的改变。推广对象总是生活在一定群体中，群体对其成员影响很大。因此，农业推广人员应加强对

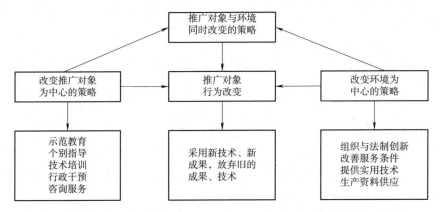

图 2-5　推广对象行为改变的三种策略示意图

资料来源：高启杰，2014. 农业推广学［M］. 北京：中国农业出版社.

农村社区中各种推广对象群体的影响，如家庭、社区组织、民间团体、专业协会等，通过这些群体做出决定以影响推广对象个人行为的改变。

（2）以改变环境为中心的策略。这是一种着眼于改变农业环境的策略。其依据在于物质条件或环境的改变会带来人的行为的改变。在许多情况下，推广对象没有采用或不愿采用某种技术创新是由于环境条件的限制，如某种农产品的市场价格太低，或是生产资料的价格太高，或是交通运输有障碍，或是采用创新时得不到必要的信贷服务等，而不是其不想采用。因此，推广人员及其他相关人员与机构应多为推广对象行为改变创造必要的环境条件。农业推广人员要帮助推广对象改变农业环境，主要是改变推广对象采用技术创新时所需的各种社会组织环境、政策法律环境、技术服务环境、基础设施及其他服务条件。推广人员本身也应当不断提高自身素质，除了帮助推广对象学习新技术知识外，还要帮助推广对象了解有关市场、价格、信贷、保险、法律等方面的知识与信息。

（3）推广对象与环境同时改变的策略。在促进推广对象行为改变时，改变推广对象与改变环境是相辅相成的。在重大的农业推广项目中，需要从推广对象和环境两个方面来促进推广对象行为改变，即提高推广对象自身的素质与改善农业生产环境条件同时进行。

三、推广对象群体行为的改变

群体是通过一定的社会关系连接起来的人群集合体。在推广中，有时要面向推广对象个体，但更多的时候是面向推广对象群体。推广对象群体行为的改变是最困难、最费时却最重要的行为改变。改变群体行为，首先是培养群体意识，把群体意识上升为集体主义意识，然后才能使他们步调一致，达到群体行为的改变。

（一）群体意识形成的条件

1. 共同的目标利益 共同的目标利益是形成群体意识的基础，它是鼓励成员为之奋斗的动力。农业推广项目必须要与群体内大多数推广对象的利益相关，才能使推广对象成为真正群体，完成推广任务。

2. 合理的奖惩制度 合理的奖惩制度是群体稳定与发展的重要手段。好的制度能协调好集体利益、个人利益的关系。合理的奖惩制度可以充分肯定成员在群体中的努力，从而调动成员的积极性，使群体中不同的角色都能得到激励，进而促进合作、促进群体的发展。

3. 自然义务领导人物 在长期的了解和合作中，群体中能够产生自然的权威，他们是成员内心公认的组织者和领导者。

4. 亲近和友爱 群体内领导者与成员之间、成员与成员之间的相互理解、关心、帮助，使得成员具有团队意识、责任感、亲密感、归属感。在一个推广对象群体中，应让每个人都得到尊重，感到亲近与友爱，要让每个个体都不会被边缘化、冷落、排挤。

（二）群体意识的培养

1. 创造形成群体意识的条件 要形成培养群体意识的土壤。一个人处在群体意识强的氛围之中，必将受到熏陶、感染，在潜移默化中受到教育，得到培养。要让群体成员感觉到，在工作和生活中有竞争，但更多的是合作和分享。

2. 开展宣传教育活动 要通过各种场合与机会，通过群体舆论宣传群体主张、讨论群体事务，使成员认识到自己是群体中的一员，群体的事就是自己的事。

3. 广泛开展群体活动 组织群体之间的竞赛，加强群体内部的合作。举办各种群体活动，可以增强成员的集体感和团结精神。在农业推广工作中，组织社区成员或小组成员进行问题讨论、思想交流、文娱活动、家访、慰问等，都可增强成员的凝聚力。

4. 加强成员的个人修养 群体要求成员（包括领导）提高自身素质，加强学习，提高业务能力和思想意识水平，增强群体意识。群体的核心人物，不仅要有较强的业务能力、组织能力、号召能力，还要有公正、无私、豁达的品行，才能使群体具有较强的凝聚力。

（三）群体成员的行为规律

1. 服从 每个群体成员都有遵守群体规章制度、服从群体安排的义务。

当群体决定采取某种行为时，少数成员即使心里不愿意，一般也会选择服从。

2. 从众 群体对某些行为（如采用某项创新）没有强制性要求，而又有多数成员在采用时，其他成员常常会隐隐地感受到群体的"压力"，在意见、判断和行动上就表现出与群体大多数人相一致的现象。

3. 相容 同一群体的成员由于经常相处、相互认识和了解，即使成员之间某时有不合意的语言或行为，彼此也能宽容待之。

4. 感染与模仿 感染是指群体成员对某些心理状态和行为模式无意识或不自觉地感受与接受。在感染过程中，某些成员并不能清楚地认识到应该接受还是拒绝一种情绪或行为模式，而是在无意识之中的情绪传递、相互影响，产生共同的行为模式。感染实质上是群体模仿。在推广中，一种情绪或一种行为从一个人传到另一个人，产生连锁反应，以致形成大规模的行为反应。群体中的自然领导人一般具有较大的感染作用。在推广实践中，选择那些感染力强的推广对象作为科技示范户，有利于创新的推广。

（四）群体行为的改变方式

1. 强迫性改变 强迫性改变，是一开始便把改变行为的要求强加于群体，群体成员在压力下改变行为，群体行为的改变带有强迫性。一般来说，政策、法令、制度、农业强制性标准位于整个群体之上，在执行过程中使群体规范和行为改变，也使个人行为改变。在改变过程中，推广对象群体对新行为产生了新的感情、新的认识和新的态度。这种改变方式适于成熟水平较低的群体。

2. 参与性改变 参与性改变，就是让群体中每个成员都能了解群体进行某项活动的意图，并使他们亲自参与制定活动目标、讨论活动计划，从中获得有关知识和信息，在参与中改变知识和态度。成员的积极性高，有利于个体和群体行为的改变，这种改变持久而有效，适合成熟水平较高的群体，但所需时间较长。

四、改变推广对象行为的方法

改变推广对象行为的方法很多，以下是一些常见的改变或影响推广对象行为的方法。

（一）强制

强制意味着使用权力迫使某人做某事。在农业推广中，常使用法律法规、行政命令、技术规范、生产标准等方法和手段改变或影响推广对象行为。农业推广方面的相关法律在许多方面规定了推广对象应该做什么、怎么做。又如在绿色食品生产、有机农产品生产环节中有明确的生产规范和标准，推广对象必须按此执行，才能达到生产要求，生产出符合质量标准的农产品。

（二）咨询建议

咨询是由推广对象提出问题和要求，推广人员根据问题进行调查研究，提出问题的解决方案或建议。其应用条件是：就问题的性质与选择"正确的"解决方案的标准方面，推广对象与推广人员的看法一致；推广人员对推广对象的情况了如指掌，有丰富可行的知识来解决推广对象的困难；推广对象信任推广人员，具备采纳建议的客观条件。

采用这一方式时，推广人员要对咨询质量负责。农业推广人员如果有很好的专业知识，且理论结合实际，才能很好地发挥作用。

（三）教育培训

教育培训可以公开影响推广对象的认知水平和态度。教育培训是当前广泛采用的一种改变推广对象行为的方法。一般符合以下两个条件可以应用教育培训方法：第一，由于推广对象的专业知识缺乏，对事物理解有误，或者其预期与实际差距大，推广机构（人员）可以通过教育培训使推广对象获得更多专业知识或改变认知和态度，推广对象就能自己解决问题；第二，推广机构（人员）有推广对象所需的知识或知道如何获得这些知识，并乐意帮助推广对象搜集更多、更好的信息，推广对象也信任推广机构（人员）。

（四）行为操纵

行为操纵是在推广对象没有意识到的情况下开展一系列的干预，从而影响推广对象的某些认知与态度，起到先入为主的效果。通常，这种方法主要针对那些自我意识不强、文化知识水平较低、对某些领域知识完全不了解、自己不能独立做出决策或者自己决策根本不可行的推广对象。另外，行为操纵的方法也对推广人员提出了更高的要求，推广人员要艺术地把握分寸，不让推广对象意识到自己行为被他人操纵，推广人员的专业能力足以解决推广对象的问题。

（五）提供条件与服务

提供条件与服务是通过提供物资、资金、技术、信息、服务等影响推广对象的行为。如提供种子、化肥、农药、农膜及农机具等农用物资，短期（或长期）贷款、生产补贴、农业保险等，技术服务及相关农产品的价格、加工、储藏及销售等方面的信息等。在推广对象有意愿实现某个合理目标但缺乏相应的条件支持时，推广机构给予推广对象相应的条件和服务更有利于目标的实现。在农业推广实践中，应根据生产条件，将有偿和无偿服务方式结合起来，以有效避免推广对象长期享受无偿服务所滋长的依赖思想。

本章小结

➢ 农业推广对象是农业推广的服务对象。推广对象的行为符合一般人类行为规律，有四个构成要素：行为的主体、行为的客体、行为的状态、行为的结果。行为有五个特征：目的性、调控性、差异性、可塑性、创造性。行为产生的机理是需要产生动机，动机产生行为。常见的行为理论有需要理论、动机理论、激励理论。这些理念在农业推广实践中被广泛应用。我国农业推广对象的社会行为、经济行为、科技购买行为与农业推广关系密切。

➢ 推广对象个体行为改变受动力因素与阻力因素互相作用。影响个体行为的因素有个体自身的因素，也有环境因素。改变个体行为的策略有三种：以改变推广对象为中心的策略、以改变环境为中心的策略、推广对象与环境同时改变的策略。群体意识形成的条件有共同的目标利益、合理的奖惩制度、自然义务领导人物、亲近与友爱。群体意识培养的方法有创造形成群体意识的条件、开展宣传教育活动、广泛开展群体活动、加强成员个人修养。群体行为改变的方式有参与性改变和强迫性改变。

➢ 推广对象的行为是可以改变的，知识的改变比较容易，态度的改变较难，个体行为改变更难，最难改变的是群体行为。推广对象行为改变的步骤一般是：具体学习的改变、行动的改变、发展性改变。改变推广对象行为常见的方法有行为强制、咨询建议、教育培训、行为操纵、提供条件与服务。

即测即评

复习思考题

一、名词解释题

1. 家庭农场

2. 人的行为

3. 需要

4. 动机

5. 目标价值

6. 感染

7. 参与性改变

二、填空题

1. 影响推广对象行为的因素有个体自身的因素和环境因素。个体自身因素有（　　）、（　　）和（　　），环境因素有（　　）、（　　）和（　　）。

2. 动机对行为的作用有（　　）、（　　）和（　　）。

3. 人的行为的构成要素有（　　）、（　　）、（　　）和（　　）。

4. 推广对象科技购买行为的类型可分为（　　）、（　　）、（　　）、（　　）和（　　）。

三、简答题

1. 动机的特征有哪些？

2. 在农业推广对象行为改变中如何应用激励理论？

3. 推广对象投入行为的影响因素有哪些？

4. 推广对象科技购买活动的构成有哪些？

5. 群体意识形成的条件有哪些？

6. 常见的改变推广对象行为的方法有哪些？

第 三 章

农业推广沟通

☑导言

  农业推广沟通是农业推广人员与推广对象交流感情，向推广对象了解需求、传授知识、开拓其思想、改变其行为的信息交流活动的总称。农业推广沟通是一个由多要素、多环节构成的循环往复的过程，农业推广沟通的效率和效果受多个因素的影响。推广人员需要知悉农业推广沟通的基本构成要素，理解农业推广沟通的基本程序及影响因素，掌握农业推广沟通的技巧，采用参与式农业推广沟通方法，根据不同推广对象的具体情况，创新性地开展农业推广沟通，为我国乡村振兴和"三农"可持续发展做出贡献。

☑学习目标

通过本章的学习，你将可以：

➢ 知悉农业推广沟通的含义与类型；

➢ 理解农业推广沟通构成要素及程序；

➢ 掌握农业推广沟通的基本技巧；

➢ 提高农业推广沟通的实践技能。

>>> 第一节　农业推广沟通概述 <<<

一、农业推广沟通的含义和目标

（一）农业推广沟通的含义

1. 传播与沟通　中文的"传播"与"沟通"二词皆由英文"communication"翻译而来。在我国，传播学者通常将其译为"传播"，社会学家和农业推广学者通常译为"沟通"，这种译法与其研究中强调的重点有关。中文的"传播"在英文中通常表达为"one-way communication"（单向沟通），侧重于信息从 A 传送给 B；"沟通"则表达为"two-way communication"（双向沟通），侧重于信息从 A 传送给 B，B 又反馈给 A。"传播"与"沟通"的主要差异在于是否有及时的反馈。

尽管"传播"与"沟通"的中文含义不完全相同，但都是指在一定的社会环境下，人们借助口语、文字、图像、面部表情等，通过一定的途径，彼此传递和交流观点、思想、知识、愿望、需求等的过程。

2. 农业推广沟通　农业推广沟通简称"推广沟通"，是指在农业推广过程中推广人员与推广对象交流感情、了解需求，并向其提供信息、传授知识，从而提高推广对象的素质与技能，改变其态度和行为的一种信息交流活动。推广沟通贯穿于农业推广的全过程，是一项循环往复的交流活动。推广沟通强调推广人员与推广对象之间的互动和交流，是二者之间的双向沟通，而不是信息从推广人员或推广机构到推广对象的单向传递，这也是本章标题为"农业推广沟通"的原因所在。

（二）农业推广沟通的目标

按照目标实现的层次来划分，农业推广沟通的目标可分为最终目标、阶段目标和每一次推广沟通活动的具体目标。

1. 最终目标　农业推广沟通的最终目标是提升推广对象的素质和能力，改变推广对象的态度和行为，实现我国乡村振兴和"三农"可持续发展。

2. 阶段目标　每一阶段（时期）的推广沟通都有其预定的目标。农业推广沟通的阶段目标是指农业推广沟通在某一阶段计划实现的目标。如通过推广糯玉米新品种、改进养殖方法等推动乡村相关产业发展（阶段目标），进而为我国乡村振兴的更高层次目标贡献力量，每一阶段（时期）的推广沟通目标都是为推广沟通的最终目标服务的。

3. 具体目标　每一次具体的推广沟通活动也都有其目标。每一次农业推广沟通活动的具体目标是指那次推广沟通活动结束后就能实现的目标，如了解推广对象个人的文化背景、性格特点、采纳或不采纳作物新品种的原因等。每一次具体的推广沟通都是为推广沟通的阶段目标服务，进而为推广沟通的最终目标服务。

二、农业推广沟通的分类

从不同角度，根据不同的标准，农业推广沟通可分为不同的类型。

（一）根据沟通媒介分类

1. 言语沟通（verbal communication）　言语沟通是指利用口头语言（口语）和书面语言（文字）进行的沟通。口语沟通简便易行，迅速灵活，可伴随生动的情感交流，但在口语中常用俗语、俚语、歇后语、方言等容易导致信息误解。文字沟通具有长期保存、有形展示等优点，受时间、空间的限制较小，能比较全面系统地传递信息，但对文字的依赖性较强，沟通效果受文字水平影响

码 3-1
言语与语言

较大。

2. 非言语沟通（nonverbal communication） 非言语沟通指言语沟通以外
的所有形式的沟通，是指人们借助于肢体动作、面部表情、空间距离、触摸
行为、语音音调、穿着打扮、色彩、绘画、音乐、舞蹈、图像、装饰等方式
所进行的沟通。非言语沟通一方面是对某些思想、感情进行表达，另一方面，
也是更重要的是对言语沟通信息的强调、否定、补充、替代，使言语沟通更
明确、生动。非言语沟通具有普遍性、规范性、民族性和情境性四个基本
特点。

码 3-2
非言语沟
通的特点

非言语沟通在沟通中发挥着重要的作用。根据美国学者艾伯特·马伯蓝比
（Albert Mebrabian）与苏珊·费里斯（Susan R. Ferris）1976 年的研究，在面
对面的人际沟通中，接收者对沟通信息的理解，7％来自传送者的言语沟通，
38％来自传送者的语音语调，55％来自传送者的面部表情等，也即 93％来自
非言语沟通。

（二）根据沟通范围分类

1. 人际沟通 人际沟通是指人与人之间进行的言语或非言语沟通，如农
业推广人员与推广对象的直接沟通。人际沟通在农业推广中有两方面突出的优
点：一是获取信息的时间短、速度快；二是反馈迅速。

2. 组织沟通 组织沟通是指组织所开展的组织内外的信息传递与交流，
包括两个方面：一是组织内部成员与成员之间的信息互动，如农业推广机构内
部成员之间的信息交流；二是组织与组织之间的信息交流，如乡镇农业综合服
务站与县级农业发展服务中心的信息交流。

3. 大众传播 大众传播是指信息传送者通过一定的渠道把信息传递给大
众。如农业推广机构利用报刊、图书、广播、电视、网络等媒介向广大推广对
象提供知识、技术等的活动。

（三）根据沟通者之间有无组织关系依托进行分类

1. 正式沟通 正式沟通是通过组织正式结构或层级系统进行的，一般指
在组织系统中，按照组织的规章制度或明文规定的信息流动的路径、方向等进
行的沟通。正式沟通的优点是正规、严肃、具有权威性。参与沟通的人员普遍
具有较强的责任心，从而容易保持所沟通信息的准确性。正式沟通的缺点是比
较刻板、缺乏灵活性，信息传播范围受限制，传播速度比较慢。

正式沟通按照信息流向可分为三种基本类型：

（1）自上而下的沟通。信息从领导到下属、从上级到下级的传递就是自上
而下的沟通。如省技术推广总站向市（地区）农技推广部门下达任务等，传达
新思想、新经验、新技术等。这种沟通的优点是有效保证组织沟通目标的实

现；缺点是形式单调，且由于层层传达，信息容易受相关人员理解的影响，容易导致信息失真。

（2）自下而上的沟通。自下而上的沟通是指信息按组织职权层次，从下级向上级流动。如乡镇农技推广站依照规定向县推广中心报送材料，提交报告、建议、要求、意见等。这种沟通方式的优点是上级对下级工作具有一定的决策和监督功能，其缺点是容易出现相关人员根据自己的主观判断对信息加以过滤的现象，容易造成信息失真。

（3）横向交叉的沟通。横向交叉的沟通是指在同一层次部门间，或无隶属关系的不同层次部门间的信息交流。如同级推广机构之间的信息交流，或一个推广机构内不同部门之间的信息交流。这种沟通方式可加速信息的流动，但缺点是沟通头绪过多，信息量过大，容易造成混乱。目前，在我国的农业推广沟通中，横向交叉沟通相对较少。

2. 非正式沟通　非正式沟通是指在一定的社会系统内，通过正式系统以外途径进行的信息传递和交流。当正式沟通渠道不畅通时，非正式沟通就会大量出现。在网络时代，与正式沟通相比，非正式沟通的信息传递速度更快、范围更广，但准确性比较低，有时候会对正式沟通产生很大的负面影响。当出现负面影响时，组织需要及时辟谣。

正式沟通和非正式沟通都客观存在于推广组织机构和推广系统中。推广机构管理应最大可能地利用正式沟通渠道，使人人明白推广机构的目标，但不能忽略非正式沟通的作用和影响。

》》》 第二节　农业推广沟通的构成要素及程序 《《《

一、农业推广沟通的基本构成要素

传送者、信息、渠道、接收者和反馈是构成沟通的最基本要素。图 3-1 表明，传送者把信息编码后，将信息通过一定的渠道传递给接收者；接收者收到信息后，对收到的信息进行解码（此时，接收者就变成解码者）。同样，接收者反馈信息时，也要把信息进行编码（此时，原来的接收者也变成编码者）通过一定的渠道反馈给传送者；传送者收到反馈的信息后，对反馈信息进行解码（此时，原来的传送者就变成解码者）……也就是说，在农业推广沟通中，传送者和接收者都既是编码者，也是解码者；既要传递信息，也要接收信息。如果缺少反馈，就变成了信息单向传播（图 3-2）。

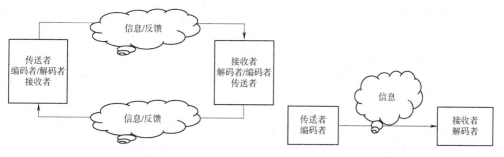

图 3-1　沟通的基本构成要素　　　图 3-2　传播的基本构成要素

农业推广沟通的基本构成要素包括：

1. 推广人员和推广机构（who）　农业推广人员和推广机构是农业推广沟通信息的传送者，简称传者。目前我国的农业推广内容聚焦于农业技术和农业科技成果。我国农业技术和农业科技成果推广实行的是以国家农业技术推广机构为主，与农业科研单位、农业院校、农民专业合作社、涉农企业、群众性科技组织、农民技术人员等相结合的农业推广体系。这个体系中的机构及个人都是农业推广沟通信息的传送者。

2. 推广沟通信息（what）　推广沟通信息，也就是推广沟通的内容。农业推广人员或推广机构传递给推广对象的新技术、知识、理念，与推广对象交流的情感等都是农业推广沟通信息。从范围上来讲，农业推广沟通信息大于农业推广信息。农业推广信息是指与农村发展、农业技术推广等方面直接或间接相关的各种信息（高启杰，2018：167），是农业推广沟通信息的主要组成部分。农业推广沟通信息不仅包括农业推广信息，还包括为与推广对象建立感情、识别推广对象的需求等而沟通的信息。

在世界范围内，农业推广沟通信息，也就是农业推广沟通的内容，正在由狭义的农业技术和农业科技成果扩展到生产与生活的综合咨询服务，包含了技术服务和农业科技成果以外的农业政策、经营管理、市场营销、农家生活、农村社区发展及环境改善、食品质量等（高启杰，2018：4）。目前在我国，农业推广沟通内容还侧重于农业产前、产中、产后的生产技术、方法、知识等，如我国农业农村部门每年遴选、论证、公示、发布推介的农业主导品种、农业主推技术等也是农业推广的重要信息。有些农业推广内容涉及农业生产销售领域的金融、保险等服务，但对农民生活、农村发展方面的内容较少。随着人们对农业推广沟通认识的加深，农业推广沟通信息也会变得越来越丰富多样，会越来越多地包含农民生活、农村发展方面的信息。

3. 推广对象（whom）　推广对象是农业推广沟通信息的接收者，简称受者。目前在我国，农业推广对象不仅包括小规模农业生产经营者，还包括专业大户、家庭农场、农民专业合作社、农业产业化龙头企业等新型农业经营主体、其他农民组织等。

上述新型农业经营主体不仅是农业推广对象，接收国家农业技术推广机构及农业院校的新技术、新思想等，同时也是农业推广沟通信息的传递者，为其他推广对象，尤其是小规模农业生产经营者传授新品种、新方法等。

4. 推广沟通渠道（channel）　推广沟通信息传递的途径就是推广沟通渠道。有侧重于信息单向传递的渠道，如报刊、图书、广播、电视等大众传播渠道；有强调沟通双方交流互动的渠道，如面对面沟通、邮件、研讨会、农民观摩培训等双向沟通渠道；有交互性更强、更强调双向或多向沟通的日新月异的新媒体，尤其是以手机为主要输出端的网络新媒体。

5. 信息反馈（feedback）　信息反馈是指推广对象接收到信息后，把自己对推广信息的理解或采纳推广信息后的结果，反应给推广人员的过程。如把采用新品种后产量的变化及采用新品种过程中碰到的困难、问题等告知推广人员。

二、农业推广沟通的基本程序

农业推广沟通的基本程序是：首先，推广人员进行沟通信息准备；接下来，将这些信息进行编码，变成推广对象能够理解的信息；然后，选择一定的途径把信息传递给推广对象；最后，推广对象在接收到信息后进行解码理解，变成自己的意见和采取一定的行为，并将行为结果反馈给推广人员。具体地讲，可分为如下六个阶段：

1. 推广沟通信息准备阶段　推广沟通信息的准备是指推广人员从多种途径获得推广沟通信息，并筛选出需要传递给推广对象的信息。

地理位置不同、生产种类不同、生产规模不同的农业生产经营主体，对信息的偏好和需求也不同。如在我国，目前新型农业经营主体，不论是专业大户、家庭农场，还是农民专业合作社、农业产业化龙头企业，都具有发展商品化生产的内生动力，注重经济效益，接收有偿推广服务的意愿较强；而小规模农业生产经营从业者年龄普遍偏大，生产以自给自足为主，农产品商品率较低，投入意愿不强。不同的小规模农业生产经营户，需求也千差万别。随着经济的发展，推广对象的需求越来越多样化。推广人员需要根据推广对象的不同特点、不同需求等具体情况，选择最适合的技术、知识等信息。

2. 推广沟通信息编码阶段 推广沟通信息的编码是指推广人员把要传递给推广对象的信息以一定的符号进行表达。符号是一种代表人的思想、意愿、情感等的通用记号或标志。任何有含义的东西都可以是符号。在沟通学中，符号分为言语符号和非言语符号两大类。言语符号包括口头语言（即口语）和书面语言（即文字）。非言语符号包括肢体动作、面部表情、空间距离、触摸行为、音调、穿着打扮、色彩、绘画、音乐、舞蹈、图像、装饰等言语符号以外的所有表达信息的符号。

在农业推广沟通实践中，常常会碰到推广沟通信息从第一个传送者经过若干个中间接收者传递给最终接收者的现象。在这样的沟通链条中，第一个中间接收者要对其接收到的信息进行解码理解，并将解码的信息再编码（即二度编码）后传递给第二个中间接收者；第二个中间接收者在接收到第一个中间接收者的信息后，进行解码理解，再编码（三度编码）后传递给第三个中间接收者；以此类推，最后传递给最终的接收者。在信息的二度、三度编码解码中，由于接收者理解的差异，可能会导致信息失真和损失。例如，农业推广沟通中如果有翻译，翻译人员首先要对推广人员传递的信息进行解码，然后再根据自己的理解，翻译成方言传递给农民。翻译人员把推广人员传递的信息翻译成方言的过程就是二度编码。

信息的编码需要根据推广对象的文化程度、识字能力、视听偏好、风俗习惯等，针对性地选择推广对象能理解的言语符号和非言语符号。例如，对于识字少的农民，应当选择口语或视频讲解、动画展示等非文字形式。

3. 推广沟通信息传递阶段 推广沟通信息的传递是指推广人员选择一定的渠道，把信息传递给推广对象的过程。推广沟通渠道选择的原则有三个：一是推广对象的沟通渠道可及性（accessibility），即推广对象有条件、有能力使用的沟通渠道，如农民有智能手机，会用智能手机，且有经济能力支付手机流量费；二是推广对象对沟通渠道的信任度（credibility），如很多推广对象更相信中央广播电视总台等权威媒体播放的信息；三是推广对象的沟通渠道偏好（preference），如很多农民尤其是年龄偏大的农民喜欢用微信沟通。推广沟通需要选择推广对象可及、信赖且偏好的沟通渠道。

随着互联网技术、数字技术等的快速发展，推广沟通渠道正在从以非数字化、单向传递信息的大众传播渠道如图书、报刊、广播、电视为主，发展到采用互联网及数字化技术，以电脑、手机等为主要输出端、交互性更强的互联网媒体为主。

4. 推广沟通信息接收阶段　推广沟通信息的接收是指推广对象从一定的途径接收到推广沟通信息。完整地接收所有的推广沟通信息需要推广人员和推广对象的共同努力。在我国，目前推广人员和推广机构是推广对象获得良好信息的主要来源，推广人员需要让推广对象知悉推广沟通信息及沟通渠道，推广对象需要通过知悉的沟通渠道查看接收所传递的所有信息，不能断章取义。

5. 推广沟通信息解码阶段　推广沟通信息的解码是指推广对象在接收到文字、图像等符号后，从符号中提取信息的过程。编码是推广人员把技术、政策、思想等转化为符号，而解码则是推广对象把接收到的符号转换成自己理解的技术、政策、思想等。推广对象是根据自己过去的经验、生活环境、成长经历、文化背景等进行解码的。

码3-3
符号不等
于含义

需要注意的是：符号不等于含义。符号是信息的载体，含义是信息所要表达的意思。含义不是符号中所固有的，而是使用者所赋予的。如有些农村地区称呼某人为"二爸"，其意思不是"第二个爸爸"，而是"叔叔"或"伯伯"。在这个称呼中，"二爸"是表达信息的文字符号，"叔叔"或"伯伯"是信息的含义。

6. 推广沟通信息反馈阶段　推广沟通的信息反馈是指推广对象对接收到的信息理解判断后，向推广人员做出反应的过程。推广沟通信息反馈是推广对象把自己理解的推广信息进行编码，并选择一定的渠道传递给推广人员的过程。在推广信息的反馈中，推广对象变成信息的传送者，而推广人员变成信息的接收者。

三、农业推广沟通的影响因素

实践中，诸多因素影响着推广沟通的效率和效果。影响农业推广沟通的主要因素有推广人员的个人特质、推广对象的个人特质、沟通信息的供需适配性、信息编码的适合性、沟通渠道的可及性、信息解码的正确性和信息反馈的及时性。

1. 推广人员的个人特质　推广人员的专业知识、工作经验、权威性、诚信度、认真负责的态度等特质在很大程度上影响推广对象对信息的接受度。推广人员的个人特质与推广对象对信息的接收度是正向关系。农民可能会对一个刚毕业的非农业专业的推广人员传递的信息持怀疑态度，但愿意接收经验丰富的权威专家提供的信息。推广人员需要不断提升自己，逐步在推广对象中建立起自己良好的专业形象和口碑。

2. 推广对象的个人特质　推广对象的个人特质包括推广对象对新思想的兴趣、对待风险的态度、承担风险的财力和心理准备等。推广对象的这些特质会在较大程度上影响推广沟通的效果，因为农业推广沟通旨在改变推广对象的行为和态度，使推广对象采纳新的技术、方法等。但实践中，不同的推广对象群体，采纳农业创新的态度差异较大。

在推广沟通过程中，推广人员需要更多地了解推广对象的个人特征，基于推广对象的具体特征针对性地开展推广沟通。

3. 沟通信息的供需适配性　推广人员传递的信息只有是推广对象需要的，推广沟通才会得以顺利开展，否则难以进行。我国传统的自上而下的推广沟通思维中，推广信息在很大程度上是由推广人员和推广机构自己选定的，推广对象较少参与到推广信息的选择中。推广信息选定的标准或是推广人员或推广机构认为对推广对象增产增收等有利的技术、做法；或是根据当地农业农村发展规划的需要传递给推广对象的新品种、新技术、新方法；或是推广人员考虑自身的工作任务而选择的推广信息。传统的自上而下的推广沟通信息的选择方法，较少系统考虑推广对象复杂多样的实际情况和多样化的需要，常常导致推广沟通信息供需不匹配，影响推广沟通的有效开展。

推广人员与推广对象通过共同分析推广对象生产生活中存在的问题，共同探讨解决问题的办法，并在考虑推广对象所有的资源、风险偏好等的前提下，选择适合推广对象具体情况的推广信息，是一种行之有效的方法。这种方法也就是国际上通常所说的参与式农业推广。采用参与式农业推广沟通方法，推广人员与推广对象共同选择的推广技术、措施等，不一定是最先进的，但通常是最适合的。

4. 信息编码的适合性　信息的编码是否是推广对象所能理解的及偏好的，直接影响着推广沟通开展和效果。如果信息编码超越推广对象的理解能力，推广沟通就无法进行，如用文字材料与识字不多的年长农业生产从业者沟通，年长者可能因无法理解文字内容而不能进行沟通；如果信息编码不是推广对象所偏好的，推广沟通效果也会受到较大的影响，如采用长篇文字材料与辛苦劳作一天还要承担繁重家务的女性农业生产从业者沟通，对方可能会置之不理或视而不见。

推广人员对推广沟通信息的编码需要充分考虑推广对象的具体情况。如对于年轻且文化程度较高的高素质农民，系统的文字材料会有利于接收者对信息深入、全面的理解，有利于推广沟通的良好开展。而在偏远山区，由于很多年轻劳动力外出务工，坚守在农业生产中的多是年长者和妇女，采用现场讲解、视频、直播等方式可能会更好些。

5. 沟通渠道的可及性　推广沟通渠道没有优劣之分，但沟通渠道的可及性会极大地影响着推广沟通的开展。再先进的沟通渠道如果推广对象难以企及，推广沟通也不能顺利进行。

推广沟通渠道的可及性是有人际差异的。同一沟通渠道，对有些推广沟通对象是可及的，而对有些是不可及的。例如，以计算机为输出端的沟通渠道，可用文字、讲解、视频、图像等详细、充分地展示推广沟通信息。这对于需要系统地了解推广沟通信息，且掌握计算机操作技术、有经济能力购买高配置计算机的推广对象是一个不错的沟通渠道。但是，偏远山区有些家庭也许没有经济能力购买上网不卡顿的计算机，也许没有足够资金保证长时间在网上浏览；偏远农村地区留守妇女和年龄偏大的农业从业人员也许不掌握计算机上网的技术，以计算机为输出端的沟通渠道对这样的推广对象就是技术上不可及（不会用计算机）或经济上不可及的（没有经济能力购买上网不卡顿的计算机或支付长时间上网费用）。如果选择了以计算机为输出端的推广沟通渠道与这样的群体沟通，沟通就难以顺利进行。

截止到 2020 年 12 月底，我国网民规模为 9.89 亿人，其中，手机网民为 9.86 亿人。网民中使用手机上网的比例为 99.7%，而使用台式计算机、笔记本计算机等上网的比例都不到三分之一（中国互联网络信息中心，2021：17-18）。这说明几乎所有网民，不论城市的还是乡村的，几乎都能用手机上网，远高于其他非手机渠道上网。以视频、图片、动画、讲解等方式沟通，有利于与广大的文化程度不高、年龄偏大、时间有限、不会用计算机的推广对象进行沟通。

6. 信息解码的正确性　推广沟通中重要的不在于推广人员传递了什么信息，而在于推广对象接收和解码了什么信息。再正确、再先进的信息，如果推广对象解码有偏差，沟通效果就会大打折扣。推广对象正确解码沟通信息的前提是，推广人员传递的信息要语义明确、完整，含义唯一。否则，推广对象会对语义不明的信息进行自我界定，对不完整的信息进行填缺补漏，对多含义的信息进行选择理解，最终很可能导致误解。例如，在一次鼓励小农户土地流转，以便开展玉米规模种植的沟通中，推广人员发放的文字材料介绍了土地流转的诸多好处，但小农户流转意愿很低。其原因是小农户对"土地流转"的理解是土地承包经营权的转让，而推广人员所说的"土地流转"仅转让土地承包经营权中的经营权，农户依然享有土地的承包权。

7. 信息反馈的及时性 没有推广对象的及时反馈，推广人员就无从知晓推广对象是否收到沟通的信息，是否如期理解了沟通的信息，推广人员是否需要改进信息的筛选、编码、沟通渠道等；没有及时反馈，旨在信息双向或多向交流的推广沟通就变成了信息单向流动的传播。

随着数字技术、网络技术等的发展，推广对象的信息来源越来越多元化。除了推广人员和推广机构外，推广对象还能从其他渠道得到其所需要的信息，如农民可以通过微信群、朋友圈、直播等获得所需信息。如果推广沟通的反馈渠道不畅通，推广对象可能会转而求助于其他渠道的信息源。但是网上的信息有真有假，需要推广对象有较高的判别真伪优劣的能力。推广对象尤其是小规模生产农户的判别能力相对较弱，容易出现判别失误。因此，为了提高信息反馈的及时性，确保推广对象从正规的推广沟通渠道获得正确的、优质的信息，推广部门及推广人员要建立和完善推广沟通信息的反馈渠道和机制。

反馈渠道既可以是推广人员传递信息的渠道，也可以是其他的渠道，应视具体情况而定。如推广人员在网上系统地发布更适合计算机显示的农业推广信息，有些推广对象可以在计算机上简单浏览推广信息，但可能不会熟练使用计算机，无法在计算机上进行反馈。因此，推广人员还需要采用其他的反馈渠道，如面对面、发放纸质问卷等方式获取反馈信息。

》》》 第三节 农业推广沟通的障碍、 策略及技巧 《《《

一、农业推广沟通的障碍

农业推广沟通障碍（communication barriers）是指阻碍推广人员、推广机构与推广对象之间以及推广对象相互间的信息传递、意见交流、经验分享的因素。目前，我国农业推广沟通障碍主要有以下几种：语言障碍、习俗障碍、观念障碍、角色障碍、心理障碍、组织障碍等。

（一）语言障碍

语言障碍是指由于语系、语义、语句结构、语音等导致的沟通障碍。不同语系、语族和语支之间的沟通会有困难，不同的方言之间沟通也是如此。在实际的农业推广沟通中，还有一种较为常见的语言障碍是推广人员的专业术语与推广对象的日常用语或方言之间的障碍。如果推广对象与推广人员不能互相理解对方的语音语义，就会导致沟通信息的错误理解。如在一次蛋鸡健康养殖的技术培训中，专家为农民讲解鸡白痢的防治方法。培训组织者发现农民听讲的兴趣不大，一问方知农民说他们养殖的蛋鸡没有得过鸡白痢病，只是经常拉白屎。实际上，农民说的鸡"拉白屎"是"鸡白痢"最典型的症状。在那次推广沟通中，培训专家使用的是专业术语"鸡白痢"，农民使用的是当地方言鸡"拉白屎"，虽然沟通的是同一种疾病，但是因为语言障碍，农民没有正确解码专家传递的信息。类似的语言障碍在推广沟通实践中，尤其是聘请外面的专家培训或开展技术推广中，并不罕见。因此推广人员应尽量使用推广对象的日常用语和方言，尽量发音准确、表达清晰。

语义不明造成歧义，主要表现在关键概念的编码与解码环节。如果推广人员不能将晦涩难懂的概念进行恰当的解释，没有对多义词进行明确的界定，所用词汇就不能正确表达其思想，推广对象就不易明白或容易产生误解。农业推广沟通中，应当使用简单明了的词语、尽量使用单义词，以及把多义词进行明确限定。如第二节中"土地流转"的案例就是因为语义不明确而导致沟通不畅。

语言结构不当也可能造成障碍。在科技写作或科普文章中，若语句过长，过于迂回，复句过于复杂，或者是病句，都容易导致推广对象无法掌握语句要领。提供给农民的书面材料，应以单句为主，而且段落的小标题和主题句要突出、醒目。

语音、语气等非言语符号也可能导致理解障碍。在口语表达中，如果推广人员语气过于正式、过于严肃，会导致推广对象产生抵触心理，造成接受障碍。如果语气过于随便，过于模棱两可，会使推广对象产生怀疑，也会造成接受障碍。推广沟通中，应当使用柔和、舒缓、积极、平等和商量的语气，不要采用挑衅、消极、优越、命令和评价的语气。

（二）习俗障碍

习俗即风俗习惯，是在一定文化历史背景下形成的、具有固定特点的、调整人际关系的社会因素。习俗对沟通的影响主要表现在：

1. 不同的礼节习俗可能带来误解　不同的礼节习俗如握手的礼节、座位的顺序、发言的顺序、敬酒的顺序、离开会场的顺序等都可能对推广沟通造成影响。农业推广人员应尽可能了解推广对象的礼节习俗，得到推广对象的接纳与信任，以顺利开展推广沟通工作。

2. 不同的时空习俗带来隔阂　不同地区的推广对象会对推广沟通的时间、

地点、交谈的亲密程度有不同的习惯。习俗虽不具有法律效力，但它是长期约定俗成的习惯，农业推广人员需要了解和尊重推广对象的习俗，做到"入乡随俗"，否则，会影响推广沟通。例如，在西部某地组织的一次养牛技术培训中，通知了同样数量的男、女农民下午三点到某地点讨论养牛技术。三点以前，男村民都到了现场，与培训专家聊天。但三点半了，迟迟不见所通知的妇女到场。一问才知，妇女们早到了，但是在另一个房间，她们不愿意到有男村民的那个房间。因为习俗，当天的技术培训是分男、女村民两个小组进行的。

（三）观念障碍

观念本身是沟通的内容之一，同时又对沟通有着巨大的影响。有的观念是促进沟通的强大动力，有的观念则是阻碍沟通的"绊脚石"。小规模农业生产经营户自给自足的小农经济观念，排斥科学知识以及新思想、新技术，在很大程度上制约着农业创新成果的推广和采纳。以"眼见为实"的好案例消除上述推广对象的传统观念是一种行之有效的推广沟通方法。

有时，观念障碍可能来自推广人员。一些推广人员，尤其是新进入推广领域的人员，自视甚高，对农民，尤其是小规模生产经营户，有刻板印象，认为农民的思想传统、落后。推广人员的这种观念会在很大程度上阻碍与小规模生产经营户的有效沟通，因此需要换位思考、充分理解小规模生产经营户的具体情况，消除对小规模生产经营户的传统、落后的假设，以有效开展推广沟通。

（四）角色障碍

"角色"一词的原意是指在戏剧舞台上按照剧本所扮演的某一特定人物，是喜剧舞台的用语。引入社会学中，"角色"是指每个人作为社会一分子，在社会大舞台上都扮演着一定的社会角色，都得按照社会对这些角色的期待和要求，服从社会行为规范。例如，一个男人，如果他在农业推广中承担着示范户的角色，他就被赋予了社会对这个角色的要求和期望：农技人员期望他能真正掌握技能，做出可以看到的成绩，从而带动其他农户；其他农户期望他能实事求是地展现出此项技术的成果，并期望他能毫无保留地把关键技术传递给他们。正因为承担了示范户这个角色，他会力图满足大家的要求，做得更好、更优秀，并将做好、做优秀变成自己的追求和习惯。

正是长期承担着某一种社会角色，可能导致人在心理、行为和人格上形成一定的特征，使得其在人与人交往的过程中出现一些障碍。角色不同所产生的沟通障碍主要有：

1. 年龄不同可能形成"代沟" 一般年龄大的人，作为长者，容易犯经验主义，比较保守，轻易不会接受新事物；年轻人"初生牛犊不怕虎"，一般思想开放，敢于冒险，更具有创新意识，相对容易接受新事物。目前在我国农村，年轻劳动力外出务工的多，留守在农村的农业从业人员年龄较大者多，不会轻易接受推广沟通的新技术、新思想、新观念。这些年龄较大的推广对象接受新事物的过程具有成人学习的典型特点：目的性和经验性，即只有认为有用的东西，他们才会去学习；把新事物与他们以往经验对比分析，只有认为正确的东西，他们才会接受。因此，"眼见为实"是提高这一群体相信和接受推广沟通信息的一个有效方法。推广人员在与农村年长的农业从业人员的沟通中，需要了解其真实想法，并通过实地参观等可视化的成果，消除年龄带来的沟通障碍。

2. 专业不同可能形成"行沟" 俗话说"隔行如隔山"，从事不同专业的人，在思考问题时常常会从各自专业的角度出发，对同一问题或同一事物形成不同的看法和态度，进而可能导致沟通障碍。在推广沟通中，推广人员需要换位思考，尽量从推广对象的专业角度思考和理解问题，以消除因专业不同而形成的沟通障碍。

3. 地位不同可能形成"位沟" 国家推广机构的推广人员具有双重身份，既是推广人员又是国家工作人员。如果推广人员以"国家工作人员"或"下乡者"的身份出现，农民就会把推广人员当作执行公务的，而不是看作推广技术的，导致因地位的误解而妨碍推广沟通的现象发生。

（五）心理障碍

人的认知、情感、态度等心理因素会左右农业推广活动，妨碍农业推广沟通的顺利进行。

1. 认知不当形成沟通障碍 由于信息含义不明确或信息含义不唯一而导致的信息解码不正确，可能使得推广人员与推广对象双方处于茫然状态，沟通出现异常。明确界定信息的含义，有利于消除认知导致的沟通障碍。

2. 态度欠佳形成沟通障碍 沟通过程会受到沟通双方态度的影响：积极的态度促进沟通，消极的态度阻碍沟通。推广对象人数众多，性格各异。不同推广对象对农业创新成果的接受态度差异较大。通常在理想状态下，不到1/5的推广对象对创新成果欣然接受；1/3的推广对象会深思熟虑、谨慎决策；还有约一半的推广对象谨慎多疑，对创新抱怀疑甚至抵制的态度（高启杰，2018）。多数小规模农业生产经营户是风险规避型的，当推广沟通的新技术、新方法等没有得到实践验证时，不愿意冒险采纳。这种观望怀疑和规避风险的心理和态度在一定程度上制约着推广沟通的效果。推广人员需要充分了解推广对象相关的心理状态，采取适当有效的措施，减少推广对象可能承担的风险和推广对象的疑虑。

（六）组织障碍

组织是人们为了实现共同的目标，按一定规则和程序设置的具有多层次岗位，包含若干子系统的开放的社会技术系统。目前我国已逐步建成了以国家公益性农技推广部门为主导，教学科研机构和经营性服务组织等多元化主体共同参与的新型农技推广体系。作为推广沟通信息的传送者，这些农业推广组织能否有效地进行组织内外的沟通，直接影响着农业推广沟通的效果。目前我国农业推广沟通的组织障碍主要有：

1. 推广人员年龄偏大、技术和知识老化 推广人员年龄偏大，以及技术和知识老化，不能满足现代化农业综合发展的需求。基层农技推广队伍是我国农业推广队伍的主体，是实施科教兴农战略的主要力量。尽管国家要求基层农业技术推广机构的岗位应当全部为专业技术岗位，并且有计划地对农业技术推广人员进行技术培训，组织专业进修，使其不断更新知识、提高业务水平，但由于各种原因，目前仍然存在着农技推广人员年龄偏大、知识老化、技术人员比例偏低的现象，导致推广沟通内容不能随现代农业的发展而与时俱进。如目前随着经营主体规模扩大，对集成技术及技术以外的金融、保险等需求增加，但推广人员的沟通能力不能完全满足推广对象的这些需求。

2. 沟通层次过多导致信息失真和损失 推广沟通信息是通过一定的组织系统层层传递的。层次越多，信息失真的可能性就越大。信息在层层传递的过程中，不断地被编码和解码，可能导致信息失真。在农业推广沟通中，每个环节的专家和技术人员，都会根据自己的理解和经验，力图使信息变得通俗易懂，简明扼要，就有可能降低信息的系统性和完整性，可能导致信息失真和损失。如果每个人传递信息的保真率是 95%，经过 10 人传递后，信息的保真率就只有 59.9%（$0.95^{10} \approx 59.9\%$）（高启杰，2018：40-41）。因此，农业推广沟通中，应尽量减少中间环节、层次，最小化信息沟通中的失真和损失。

3. 条块分割容易造成沟通"断路" 推广对象从事的种植业、畜牧、水产养殖、林业等需要农业、畜牧、水产、林业等部门的技术指导，需要村、乡镇的协调，在不同环节会受到供销、工商等部门的管理。条块分割的指导、协调和管理容易造成沟通"短路"。尽管基层农技推广体系经过最近几年的改革发展，职能进行了合并，但目前，还存在着按专业部门设置或归属于不同部门管理的问题，常常因条块分割而导致信息沟通不畅。农业推广机构与教学科研机构、农业生产经营性主体之间缺乏长期有效的联合和协作，信息共享不足，也会降低农业科技成果的转化率。

二、农业推广沟通的策略与技巧

（一）农业推广沟通策略

农业推广沟通策略是指为了实现推广沟通的目标而进行的信息筛选、渠道选择等的方案集合。就我国的农业推广沟通现状而言，农业推广沟通策略主要有农业推广沟通的组织策略、推广人员沟通方式策略和推广对象充分参与策略。

1. 农业推广沟通的组织策略

（1）正确地进行行政引导。农业推广是一个复杂的社会系统工程，仅靠推广部门的力量或推广对象的自觉意识是远远不够的。把推广意图与行政引导结合起来，借助行政力量宣传推动是必要的。但是，行政引导不等于行政干预，政府只能引导和见证、监督，不能代替推广对象做决策。行政部门应遵循客观规律和推广对象的主观愿望，在广造舆论、培训、制定政策、协调服务等方面多努力。在抓典型、树榜样、组织推广对象观摩对比、在典型农户现身说法上下功夫。引导推广对象变被动为主动，变盲目为科学地采纳推广沟通的内容。

（2）提升推广人员专业知识和沟通技能。推广人员不仅要有扎实的专业功底，不断更新和提升自己的专业知识，而且要具备较强的沟通技能。专业知识可以通过脱岗培训、外出学习、邀请专家讲课辅导等方式来提高。沟通是一门艺术，沟通技能的提高需要推广人员培养沟通反思的意识，分析沟通成功和失败的案例，在实践中不断提升自己的沟通技能。

（3）促进推广组织管理的扁平化。组织管理的扁平化是相对于传统的等级结构管理模式而言的。传统组织的特点表现为层级结构，即一个组织由高层、中层、基层管理者组成一个金字塔状的管理结构。组织管理的扁平化则是减少原来的管理层次，扩大每层的权限。当管理层次减少而管理权限增加时，金字塔状的组织形式就被"压缩"成扁平状的组织形式。管理层次越少、越扁平，推广沟通信息的纵向传递就越顺畅，信息失真和损失就越少。在农业推广沟通管理中，设计有效的管理制度，使推广人员能直接与最高决策层或次高决策层对话，减少沟通环节，可减少沟通信息的失真与损失。

（4）加强推广组织之间的横向合作。农业推广机构、农业科研院校、农业企业等农业推广组织之间的关系越密切，推广沟通信息传递的干扰因素就越少，信息横向沟通就越顺畅，信息损失也就越少，越有利于沟通目标的实现。加强顶层设计，引导农业科研院校与农业推广机构、农民合作组织、涉农企业紧密衔接，整合资源，优势互补，形成横向联动、纵向贯通、多方协同的农业技术推广服务格局，积极探索"科研试验基地—区域示范基地—基层农业技术推广站点—新型农民经营主体"的"两地一站一体"的推广模式，培养理论联系实际的、具有创新精神的推广队伍，为乡村振兴和"三农"可持续发展做出最大的贡献。

2. 推广人员沟通方式策略 在推广沟通中，推广人员需要根据沟通目标的不同，采取告知、说服、咨询等不同的沟通策略。如在政策的宣传中，沟通目标是推广对象接收和理解政策信息，需要推广人员把政策信息明白无误地表达与解释，并通过适当的渠道传递；在了解推广对象需求制订推广沟通方案时，调查推广对象生产生活的具体情况、存在的问题，以及解决的措施是推广沟通的主要目标，与推广对象共同讨论的参与式推广沟通是一种行之有效的沟通方法；在农业创新成果推广沟通中，目标是说服推广对象尤其是对创新成果持怀疑和观望态度的推广对象采纳创新成果，树立示范户和培养"意见领袖"的沟通方式，有利于提高推广对象的采纳意愿。

3. 推广对象充分参与策略 在市场经济条件下，推广对象拥有是否采纳推广信息的自主权和决策权。只有信息符合推广对象的需求、信息编码是推广对象能理解的、沟通渠道是推广对象可及的，推广沟通内容才有可能得到推广对象的接受。在推广沟通实践中，推广人员应积极采用参与式推广沟通的方法，以推广对象为中心和主体，与推广对象一起分析其生产生活中的具体问题，共同商讨出解决问题的措施和方法，用推广对象能理解的编码符号编码，通过推广对象可及的途径把信息传递给推广对象。参与式推广沟通方法在满足推广对象需求的同时，也使推广对象对推广沟通的信息具有拥有感和责任感，不会遇到问题就推卸责任，指责他人。

参与式推广沟通是相对于传统的推广沟通思维模式而言的。传统的推广沟通是以推广人员为中心，推广人员主要根据自己的判断和推测筛选推广信息，对信息进行编码，并通过推广人员选择的渠道把信息传递给推广对象。参与式推广沟通是以推广对象为中心，通过调查了解推广对象生产生活的困难和问题、偏好的信息编码方式及可及的信息传递渠道等，在轻松友好的沟通氛围中，让推广对象充分表达其观点、想法等。在参与式推广沟通中，推广人员侧重于引导和服务，引导推广对象表达其观点、意见等，总结分析并采取一定的措施满足推广对象的需求。

（二）农业推广沟通的基本技巧

农业推广沟通的技巧是指为了顺利开展农业推广沟通而采取的具体手段和方法，是对推广沟通方法的熟练和灵活运用。农业推广沟通有如下基本技巧：

1. 利用现代沟通媒介和视频技术 手机已经成为绝大多数推广对象包括

年长及女性农业从业人员的主要沟通媒介。充分利用手机媒介代替传统的纸质、电脑和电视媒介，可以在很大程度上扩大推广沟通的范围。视频技术可以综合利用口语和文字以及表情等符号，有利于提高文化程度不高的年长和女性农业从业人员对推广沟通信息的正确理解。

2. 熟悉当地习俗　在推广沟通实践中，推广人员尤其是外来推广人员，需要熟悉推广对象所在地的文化环境、风俗习惯、民族特点等，以便能入乡随俗，尊重推广对象，得到推广对象的认可和接纳。

3. 了解推广对象的心理　推广人员需要掌握和理解不同推广对象群体的心理，尤其是接收新事物的心理状况，努力做到在推广沟通中针对不同推广对象群体的心理偏好，针对性地采用推广沟通方式。

4. 采用推广对象偏好的语言　推广人员要尽量使用推广对象的日常用语和方言。外来推广人员如果不会讲当地的方言，或者推广对象难以听懂外来推广人员的语言，尤其是在少数民族地区，请当地人员做翻译是一条提高推广沟通效果的好途径。

5. 充分利用非言语符号　如前文所述，人际沟通中接收者理解的信息，7%来自传送者的口语言语符号，而93%来自传送者的非言语符号。推广人员充分利用非言语符号，如微笑、舒缓的语调、友好的手势等，制造轻松友好的沟通环境，有利于推广对象充分表达自己的意见、观点、思想等。紧张不友好的沟通环境，推广对象会有较多的戒备心理，不会轻易表达自己的想法和观点。在不同的场合使用不同的音量，如在交流对象较少时，声音可以柔和一些；当沟通交流对象众多或者在比较空旷的地方讲话时，声音需要洪亮一些，使每个推广对象都能清晰地听到推广沟通信息。

6. 重复关键内容　重要的话讲三遍。不论是线上还是线下渠道的推广沟通，都需要重复要点和详细解释难点。通过不同的信息源，采用不同的信息编码和利用不同的信息传递渠道，重复传递相同的信息会起到强化记忆、加深理解的效果。

7. 启发推广对象的思考与提问　推广沟通的目的是帮助解决推广对象生产生活中遇到的问题。由于文化素质、生活工作经历、知识等的制约，推广对象不一定能把自己心中的疑惑全部清晰地表达出来，推广人员需要采用启发、问答、奖励等方式，引导推广对象把自己的问题尽量地表达出来。

8. 学会倾听　推广人员不仅需要明确地表达自己的观点，同时也需要用心倾听推广对象反馈的信息，以便正确理解推广对象的意见、思想等，进行高效的交流。

本章小结

➢ 农业推广沟通的最终目标是改变推广对象的态度和行为，提升推广对象的素质和能力，以实现乡村振兴和农业、农村和农民的全面可持续发展。

➢ 农业推广沟通是由推广机构和推广人员，推广对象，推广沟通信息，推广沟通渠道和信息反馈五个最基本要素构成的。农业推广沟通基本程序包括推广沟通信息准备、信息编码、信息传递、信息接收、信息解码和信息反馈六个阶段。

➢ 推广人员的个人特质、推广对象的个人特质、沟通信息的供需适配性、信息编码的适合性、沟通渠道的可及性、信息解码的正确性、信息反馈的及时性在很大程度上影响着推广沟通的有效性。推广人员需要充分考虑这些影响因素，力争筛选出推广对象急需的信息，采用推广对象能理解的符号对信息进行编码，通过推广对象可及的沟通渠道把信息传送给推广对象，并及时收到推广对象的反馈信息，帮助推广对象正确理解信息。

➢ 目前，在我国农业推广沟通实践中，常常会碰到语言、习俗、心理、观念、角色、组织等主要障碍，推广人员需要采取一定的策略、方法和技巧克服这些障碍，以便高效地开展农业推广沟通，最大化实现推广沟通的目标。

即测即评

复习思考题

一、名词解释题

1. 农业推广沟通

2. 言语沟通

3. 非言语沟通

4. 正式沟通

5. 非正式沟通

二、填空题

1. 农业推广沟通最基本的五大构成要素是（　　）、（　　）、（　　）、（　　）和（　　）。

2. 农业推广沟通的基本程序包括推广沟通信息的（　　）、（　　）、

（　　）、（　　）、（　　）和（　　）六个阶段。

3. 农业推广沟通渠道选择的三个基本原则是推广对象沟通渠道（　　），推广对象对沟通渠道的（　　）和推广对象的沟通渠道（　　）。

4. 目前我国农业推广沟通的障碍主要有（　　）、（　　）、（　　）、（　　）、（　　）和（　　）障碍。

5. 影响农业推广沟通的主要因素有（　　）、（　　）、（　　）、（　　）、（　　）、（　　）和（　　）。

三、简答题

1. 简述农业推广沟通的最终目标、阶段目标和每一次推广沟通活动的具体目标，以及三者之间的关系。

2. 简述信息的编码对农业推广沟通可能的影响。

3. 简述你对"推广对象沟通渠道可及性"的理解。

4. 简述你对农业推广沟通中"习俗障碍"的理解。

5. 简述你对"参与式农业推广沟通"的理解。

第 四 章

农业推广的基本方法

☑ 导言

　　随着现代农业科技的快速发展和乡村振兴战略的逐步实施，农业推广机构设置、人员组成、服务机制和运行管理将发生深刻变化，推广对象的科技素养、生产经营能力、管理水平等不断提高，农业推广所采取的方法应该与时俱进。传承和发展传统农业推广方法的优势，发挥信息技术和新媒体对农业推广工作的积极作用已成为必然趋势。当前农业专家系统、远程网络平台、新媒体、物联网技术已经在农业领域得到了广泛应用。推广对象开始利用智能手机、计算机等方式来获得农业推广服务，如良种信息、土肥信息、绿色高效种养技术、病虫害诊断与综合防治技术等，而且，推广对象获得信息的渠道更加多样化，载体更加前沿化。所以，农业推广主体要不断地加强推广方法的创新研究，才能更好地为推广对象服务。

☑ 学习目标

完成本章内容的学习后，你将可以：

➤ 了解农业推广方法的分类；

➤ 熟悉农业推广的程序并加以灵活应用；

➤ 掌握现代网络媒体推广方法；

➤ 能够结合实际情况合理选择并综合应用农业推广方法。

>>> 第一节　农业推广方法的分类 <<<

　　农业推广方法是指农业推广人员与推广对象之间沟通的技术，是农业推广人员为达到推广目的所采取的组织措施、服务手段和工作技巧。科学选择农业推广方法对提升推广效果具有重要的促进作用。随着传播媒体的不断创新，推广方法将更加丰富，在农业推广工作中选择推广方法的空间将更加广阔。

　　根据受众数量多少与信息传播方式不同，农业推广方法可分为大众传播法、集体指导法和个别指导法三大类型。

一、大众传播法

大众传播法是推广人员将农业技术和信息等经过选择、加工和整理，利用各种大众传播媒介传递给农业推广对象的方法。

(一)大众传播法的特点

1. 信息传播的权威性高　信息的权威性不仅与信息本身的价值高低有关，而且与信息发布机构的声望有关。声望源自公信力，公信力越高，声望就越高。例如，中央广播电视总台利用节目发布的信息和个人走村串户发布的信息相比，前者的公信力显著高于后者，人们的心理接受程度自然是前者高于后者。

2. 信息传播的时效性强　大众传播法传播的信息量大、速度快、成本低、效益高。如印刷品可印制若干份，广播稿件可播放多次，并在较短时间内把信息传遍全国乃至全世界。有的信息需要以最快速度进行传播，如大风降温预报、虫情预报等。大众媒介传播速度快、范围广，虽然制作需要投入较多的资金，但按接受节目人数的平均费用计算，大众传播法提供信息的成本是最低的。

3. 信息传递以单向性为主　对于传统农业推广而言，通过大众传播媒介发送的信息，由于信息发布者与接收者之间无法进行面对面的沟通，基本上属于单向传播。但是，随着现代网络技术和新媒体技术的发展和应用，大众传播法的信息单向传播的特点会逐渐弱化，双向、互动性的特点会逐渐增强。

(二)大众传播媒介的类型及其特点

大众传播媒介主要有文字印刷品媒介和视听媒介两种类型，并各有自己的特点。

1. 文字印刷品媒介　文字印刷品媒介主要包括报纸杂志、墙报和黑板报等，读者可以主动地选择时间、地点进行阅读。这种媒介在传播理论、观念、知识和技术等方面的效果较好。

(1)报纸杂志。报纸杂志传播的信息比较及时，信息容量也比较大。推广人员可通过报纸杂志宣传和报道与农业有关的各种信息。杂志与报纸相比，具有容量更大、内容更丰富、反映的信息更为详细等特点，但周期较长，缺乏及时性。

(2)墙报。墙报具有体裁广泛、形式多样、内容可长可短、时间可根据要求而定、省时省力、适于一定区域传播的特点，但由于传播地点固定，传播的广泛性、及时性较差。

(3)黑板报。黑板报具有花费少的优点，是一种经济实用的推广传播媒介。在人群密集的街道或农贸中心等地方设置黑板，利用文字或图表等形式开展农业推广信息的传播。黑板报在内容选择方面，一定要与时俱进，切实根据推广对象的实际需要或针对当前需注意的问题，用文字或图表以简明扼要的形式加以介绍。黑板报要勤写勤换、内容要简洁生动。

2. 视听媒介 利用广播、电视、录像、电影、网络等视听媒介传播信息会更直观、更形象、更生动，比文字印刷品媒介的效果相对要好。

（1）广播。广播是依靠声音传递信息的媒介，具有传播速度快的特点，适于简单信息的传播，如天气预报、病虫害预报等。

（2）电视。电视是结合图像和声音并能远距离直接传播的媒介，传递和接收声像信息的速度快、容量大。在农业推广中，可通过电视节目举办农业技术专题讲座，介绍新信息、新品种和新成果等。

（3）录像。录像是把图像和声音信号变为电磁信号进行传播的媒介。录像既可把已做成的农业科技信息磁带、光碟、U盘直接播放，又可以将农业推广过程中的各类活动和技术环节通过现场录制后再播放给推广对象，让推广对象通过录像了解农业推广的全过程，激发其兴趣，促使推广对象自愿改变行为，达到农业推广的目的。这一媒介曾在我国农业技术推广中发挥了重要作用，但现在逐渐被微视频、直播等所取代。

（4）电影。电影是通过复杂调控过程，用声、光、电技术制作成摄影片传递音像信息的动态视听媒介。播放科教片，既可作为一种群众性的娱乐活动，又可以传播农业新技术、改变推广对象的思想观念，寓教于乐，效果甚佳。目前，信息存储技术发展更快，大量的视听信息通过VCD、DVD等新型存储载体进行传播，成为了重要的农业推广手段。

（5）网络。网络是农业推广中极为重要的沟通与传播媒介。它集合语言、文字、声音、图像的特点，能够大容量、高速度地承载和传播农业信息，而且更新及时，能够实现信息传播者和接收者之间的互动。

（三）大众传播法的应用

从事农业推广工作要根据大众传播媒介的特点和推广对象采用新技术的时期，灵活选择合适的传播媒介，以提高农业推广的效果。一般来讲，大众传播法适用于以下几种情况：

（1）介绍农业新技术、新产品和新成果等，让推广对象认识新事物及其基本特点，引起他们的注意和激发他们的兴趣。

（2）传播具有普遍指导意义的有关信息。

（3）发布市场行情、天气预报、病虫预报、自然灾害警报等时效性较强的信息，并提出应采取的具体防范措施。

（4）针对多数推广对象共同关心的农业生产和生活中的问题提供咨询服务。

（5）宣传有关的农村政策与法规。

（6）介绍推广成功的经验以扩大影响。

二、集体指导法

集体指导法是推广人员在同一时间、同一空间内对具有相同需要或类似问题的多个目标群体成员进行指导和传播信息的方法。一般而言，群体成员间具有共同需要和问题时比较适合进行集体指导。

（一）集体指导法的特点

1. 指导对象较多，推广效率较高 集体指导法是小群体活动，一次活动涉及的目标群体成员数相对较多，推广者可以在较短时间内把信息传递给预定的目标群体。

2. 可以双向沟通，信息反馈及时 推广人员和目标群体成员可以面对面地沟通，可以及时得到沟通过程中对存在问题的反馈，也便于推广人员采取相应的方法，使推广对象真正学习和掌握所推广的农业创新。

3. 共同问题易于解决，特殊要求难以满足 集体指导法的指导内容一般是针对目标群体内大多数人关心的问题进行指导或讨论，共同问题可得到及时解决，但对目标群体内个别人的特殊要求无法及时满足。

（二）集体指导法的基本形式和应用

集体指导法的基本形式很多，常见的有小组讨论、示范（包括成果示范、方法示范）、短期培训、实地参观等。示范将在本章第二节中详细阐述，这里重点介绍如下三种集体指导法。

1. 小组讨论 小组讨论是小组成员就共同关心的问题进行讨论，以寻找解决问题方案的方法。对推广人员来说，组织小组讨论，既能使小组成员对共同关心的问题达成共识，又能使成员之间通过交流，达到互相学习的目的。这种方法的优点在于让小组成员积极主动地参与讨论，同时可以倾听多方的意见，从而提高自己分析问题的能力；不足之处是费时，工作成本较高，效果在很大程度上取决于讨论的主题和主持人的水平。如果参与人数太多，效果也不理想。

要做好小组讨论，首先，应做好讨论前的准备工作。讨论前要明确讨论的主题，确定讨论的参加者和地点，并做到及时通知。参加小组讨论的适宜人数为6～15人，最多不应超过20人。讨论最好安排在一个较安静、环境较好的地方。其次，小组讨论一般由推广人员主持，如果参加者中有组织能力较强的人员，可以选择参加者来协助主持。在讨论过程中，主持人和参加者要一起就座，围坐成圆圈以消除彼此的距离障碍。主持人要尽量为小组讨论创造一个轻松愉快的氛围，创造条件让所有参加者都积极主动地参与讨论、畅所欲言，同时做好讨论的记录。最后，在讨论结束时，主持人要就大家共同关心的问题做一下简要的总结，以巩固讨论的成果。

2. 短期培训　短期培训是针对农业生产和农村发展的实际需要而对推广对象进行的短时间脱产学习的形式，包括实用技术的培训和农业基础知识的培训两类。要做好实用技术的短期培训，在培训过程中要多讲怎么做，少讲为什么。对推广对象进行农业基础知识的培训，目的是提高推广对象分析、解决问题的能力，讲课内容要力求语言通俗易懂，尽可能运用直观的教学手段，如运用实物直观（观察实物标本、现场参观、实习操作等），模像直观（模型、图片、图表、幻灯片、电影、录像等）和语言直观（表演、比喻、模仿、拟人等）等，使抽象的理论具体化、直观化，以改善培训效果。

3. 实地参观　实地参观是指组织推广对象到某农业推广现场学习农业创新技术或先进经验，是通过实例进行的，集讨论、考察、示范于一体的推广方法。参观点可以是一个农业试验站、一个农场、一户农家或是一个社区等。该方法最大的特点是可让推广对象目睹新技术措施及其应用效果，从而增加推广对象对新技术措施的感性认识，扩大其视野。

实地参观的组织需要确定参观团的负责人。负责人在参观前要与参观点有关人员沟通，确定参观时间、地点和人数，并做好交通安排等。参观出发前，应把参观的目的、地点和详细的活动日程安排告诉大家。在参观过程中，推广人员应进行适当的讲解，与推广对象一起边看边议，并对推广对象进行实地指导。每个参观点结束后，应组织推广对象进行讨论。

三、个别指导法

个别指导法是推广人员与推广对象之间的单独接触与沟通，讨论共同关心或感兴趣的问题，并向其提供信息和建议的推广方法。该方法最大的优点是推广人员能直接与推广对象进行面对面的沟通，能真实地了解到推广对象的需要，可以有针对性地帮助推广对象解决问题，不足之处是耗费农业推广资源较多。

（一）个别指导法的特点

1. 针对性强　推广对象的情况千差万别，各不相同，个别指导法有利于推广人员根据推广对象不同的要求采取不同的方式和方法，做到有的放矢，满足其特殊要求，使个别问题得到解决。从这个角度讲，个别指导法弥补了大众传播法和集体指导法的不足。

2. 沟通的双向性 采用个别指导法时，推广人员与推广对象沟通是直接的、双向的。一方面，有利于推广人员了解推广对象的真实情况，掌握第一手材料，并直接得到推广对象所反馈的信息；另一方面，可促使推广对象主动接触推广人员，有助于建立起相互信任的关系，从而易于接受推广人员的建议或措施。

3. 信息量的有限性 个别指导法是推广人员在特定时间内与推广对象进行沟通，沟通服务所涉及的范围窄，单位时间内发送的信息量也会受到限制，且成本高、工作效率低。

（二）个别指导法的基本形式和应用

个别指导法有农户访问、办公室访问、信函咨询、电话咨询等基本形式。

1. 农户访问 农户访问是指农业推广人员深入特定农户家中，与农户进行沟通，了解其生产经营管理现状和需求，传递农业创新信息的过程。农户访问是农业推广人员与推广对象沟通、了解推广对象需求、建立良好关系的好机会。为了提高效率，在访问过程中推广人员必须精心准备，掌握要领。

（1）准备工作。访问开始前，应先明确访问的目的，确定访问的时间和对象。若农户访问属于友谊性访问，在推广对象有时间时，随时都可以去。若是为了解决当前农业生产中的问题，或是了解该地区农业存在的问题，一般选择在推广对象采用某一农业创新过程的关键时期或农闲期间进行。访问的目的、时间和对象确定后，推广人员应对被访问者的基本情况事先做了解，包括性格、社会地位、生产经验、经济情况、家庭情况以及对新事物的认识态度等。只有这样，才能为下一步做好访问打好基础。

（2）访问技巧和要领。推广人员在与农户沟通过程中，要注意创造轻松的交谈气氛，尊重推广对象，态度要和蔼。在交谈过程中尽可能保持双向沟通，虚心、诚恳、耐心地听取推广对象的意见和要求，避免触及个人隐私，做好访问记录。访问过程中若出现不能当场解决的问题，农业推广人员回去后要想方设法帮助推广对象解决，并将结果及时反馈给推广对象。访问结束后要制订出下一次访问的计划，以保证农户访问工作的连续性。访问过程中推广人员不可自作主张，代替推广对象做决定，这是访问的重要原则。这样不仅能够培养推广对象处理问题的能力，丰富其经验，也对农业推广工作的顺利开展极为有利。

2. 办公室访问 办公室访问是推广人员在办公室或定点的推广教育场所接受推广对象的访问或咨询，解答推广对象提出的问题，向推广对象提供技术信息和技术资料的推广方法。推广对象来办公室访问，是带着问题主动求教的，很容易接受推广人员的建议和主张，效果较好。

为了鼓励推广对象来访，推广人员应注意以下几个方面：①访问或咨询的地点应设在推广对象来往方便的地方，规定的接待时间尽可能对推广对象方便，定期接待的时间应向广大推广对象公告。②推广人员应严格执行办公时间，不能让推广对象空跑，并建立来访登记、值班登记制度。如果推广人员不在，可在办公室门前挂一个留言登记簿，让推广对象留下姓名与所提的问题，以便联系。③设置最新信息的公告栏，准备一些小册子、技术明白纸、挂图及推广宣传画等。④推广人员应热情接待来访推广对象，主动询问他们关心的问题，尽可能使来访推广对象满意而归。

3. 信函咨询 现在的信函咨询已经由纸质函件逐步转为以电子邮件为主。电子邮件回复推广对象的咨询不受时间、地点的限制，且更加便利。电子信函咨询时应注意以下几个方面：①推广部门要设专职或兼职人员负责处理推广对象的来函。②推广人员回答问题必须建立在了解当地情况的基础上，必要时要进行实地调查，然后再作回答。③对推广对象提出的问题要及时回答，不能延压，以免耽误农时和失去信誉；如果推广人员答复不了，就要请有关部门的专家答复。④答复的内容要让推广对象能够看得懂，最好使用当地推广对象习惯的语言和方言，必要时在答复的同时以附件形式发送有关技术资料。

4. 电话咨询 利用电话进行技术咨询，可以实现及时、快速、高效地沟通。但是，电话咨询受到许多因素的限制：①电话费相对较高，推广对象不能畅所欲言。②受环境限制，推广人员和推广对象只能通过声音来沟通，不能面对面地接触，效果受到一定的限制。随着新媒体的发展，手机的微信、QQ等的语音或视频聊天功能，弥补了电话咨询的不足。

》》》 第二节 农业推广程序与方法的运用 《《《

农业推广程序是农业推广方法和技能在推广工作中的具体应用。从20世纪80年代中期起，"试验、示范、推广"作为基本程序在农业推广中得到广泛运用，经过不断丰富和完善，形成了由项目选择、试验、示范、推广、培训、服务、评价等七个步骤组成的农业推广程序，但"试验、示范、推广"仍是核心步骤，其他步骤则是辅助措施和手段。

一、农业推广的程序

（一）项目选择

项目选择是收集信息、制订计划、选定项目的过程，也是推广工作的前提。选准好的推广项目，就等于农业推广工作完成一半。项目选择首先要收集大量信息，可以包括外来引进的技术、教学科研单位的科研成果、群众先进的生产经验和农业推广部门的改进技术等。之后，要根据当地自然条件、经济条件、产业结构、生产现状、推广对象的需要及农业技术的障碍因素等，结合项目信息，进行项目的预测和筛选，初步确定推广项目。最后，聘请有关的教学、科研、推广等方面的专家和技术人员组成论证小组，对项目所具备的主观与客观条件进行充分论证。论证认为是切实可行的项目，要进一步详细调查市场情况，吸收群众的合理化建议，对项目进行综合分析研究，最后做出是否选择的决策。

（二）试验

试验是推广的基础。由于农业技术成果是在特定的试验条件下产生的，而不同地区的自然条件与社会经济基础的差异会对原有农业技术成果的适应性产生影响。因此，初步选中的农业技术成果还必须经过试验，进一步评估其推广价值，特别是引进的技术成果，如新品种的引进和推广等，对其开展适应性试验就更为重要。可见，掌握农业推广试验的方法，对农业推广人员搞好推广工作十分重要。农业推广试验按照不同的划分标准可以分为多种类型。

1. 按试验研究内容来分　新的科研成果或先进经验，只要能够解决当地农业发展存在的实际问题，均可作为农业推广试验的研究内容。例如，农业生产中的新品种比较试验、新的耕作栽培技术试验、农产品加工新工艺研发试验、畜禽养殖新技术试验等。

2. 按试验因素的多少来分

（1）单因素试验。在试验研究中只有一个因素的试验叫单因素试验。

（2）多因素试验。在试验研究中包括两个或两个以上因素的试验叫多因素试验。

3. 按试验的年限来分

（1）一年试验。试验只进行一年，往往是受外界环境条件影响较小的试验。

（2）多年试验。试验研究要进行年度间的重复，这类试验往往受外界环境条件影响较大。

4. 按试验点多少来分　一般分为一点试验和多点试验。农业推广试验大多采用多点试验来验证某项技术的适应性并扩大应用面积。在农业推广实践中常采用点、面结合的方式，促进某项技术成果迅速推广。

5. 按试验规模或面积来分　一般分为小区试验（又称适应性试验）和中区试验（又称中间试验、区域试验、生产试验）两个阶段。小区试验一般在科研部门进行，中区试验一般在县（市）农业推广站（中心）的基地（点）进行，也可在科技示范户和技术人员承包的试验田中进行。

（三）示范

示范可以分为成果示范和方法示范。成果示范是推广的最初阶段，属推广的范畴，也是树立样板，对广大推广对象、乡镇干部、科技人员进行宣传教育，转化思想的过程，同时逐渐扩大新技术的使用面积，为大规模推广做准备。方法示范的内容可以是单项技术措施和单个作物栽培，也可以是多项综合配套技术或模式化栽培技术，是通过现场演示操作的形式开展的技术传播过程。

（四）推广

推广是指新技术应用范围和面积迅速扩大的过程，是科技成果和先进技术转化为直接生产力的过程，是产生经济效益、社会效益和生态效益的过程。新技术在示范的基础上，一经决定推广，就应采取各种有效措施，加快推广速度。目前常采取宣传、培训、讲座、技术咨询、技术承包等手段，并借助行政指导、经济手段的方法推广新技术。要注意的是，在推广一项新技术的同时，必须积极开发和引进更新、更好的技术，以保持农业推广旺盛的生命力。

（五）培训

培训是技术传输的过程，是大面积推广的"催化剂"，是推广对象掌握新技术的关键，也是提高推广对象科技文化素质、转变推广对象行为最有效的途径之一。培训时应多采用推广对象自己的语言，比如当地的方言等，不仅利于沟通交流，还能拉进与推广对象的距离。培训方法多种多样，如举办培训班、开办科技夜校、召开现场会、巡回指导、田间传授和实际操作等。

（六）服务

新技术的推广需要农业技术管理、农资供销、金融、电力和推广等部门通力协作，为推广对象进行产前、产中、产后的全程服务。具体包括：帮助推广对象尽快掌握新技术；做好产前市场与价格信息调查、产中技术指导、产后运输销售等服务；做好推广对象采用新技术所需的化肥、农药、农机具等生产资料的供应服务；帮助推广对象解决所需贷款的服务等。这些利农、便农服务都是大面积推广的重要保障。

（七）评价

评价是对技术应用情况和出现的问题进行及时总结，以便再次研究、提高、充实、完善所推广的技术，达到不断创新的目的的综合过程。对推广的技术或项目进行评价的内容包括：首先，进行技术或项目的推广效益评价。经济效益是评价推广成果的主要指标，同时要考虑社会效益和生态效益。其次，开展推广程度与推广方法、推广组织与管理、推广对象行为改变、农户采用技术效果等方面的评价。最后，编写推广总结报告，进行全面、系统的总结。

码 4-1
农业推广
程序的灵
活应用

二、农业技术示范

(一) 成果示范

成果示范又称效果示范或结果示范，是在农业推广人员指导下，把在当地经试验取得成功的某项农业产业科技成果、组装配套种养技术、加工工艺或某项实际经验传授给推广对象，让推广对象采纳应用，并将其取得的实际效果展示给其他推广对象，以激发其他推广对象的兴趣，鼓励这些人效仿采用的过程。成果示范通过推广对象的实际应用来展示新技术、新成果、新经验的应用效果，对改变农村中比较固执的推广对象的行为十分有效。

1. 成果示范的基本原则

(1) 成果示范应有目的地按计划开展。在确立成果示范前应了解当地农业生产中存在的实际问题，制约农业发展的关键因素。对上级下达的成果示范计划，应做具体分析，对于符合当地实际需要的成果示范计划，要明确其所要解决的实际问题、预期完成的目标、主要的技术措施及在实施过程中示范的具体程序。

(2) 成果示范应该在技术上合理，经济上有利，符合社会需要。这是决定成果示范后技术能否为群众接受的关键。成果示范的技术在示范前一般要经过在当地的试验，证明其在技术上合理，能够解决当地的实际问题并在技术推广后可实现高产、稳产、低投入。经济上有利是指推广对象采纳成果示范的技术措施后，能够增产、增收，这样推广对象才能对技术产生兴趣，才能积极地参与技术推广。符合社会需要是指推广计划要在一定程度上满足农村社会发展的需要，符合政府对农村社会的长远规划。总之，只有技术上合理，经济上有利，且符合社会需要的技术成果，才能得到推广对象的采纳和社会的认可，经过示范后才能扩大其推广面积。

(3) 成果示范还应考虑配套服务条件。如技术成果的资金投入是否到位，采用某项技术成果后农产品是否有销路，以及是否能够买到生产资料等，均应加以考虑。只有服务条件配套完备，示范技术推广后才能焕发出更强劲的生命力。

2. 成果示范户的选择　成果示范户，也称科技示范户。成果示范户要选择有意愿成为示范户的农业生产经营者。同时，要考虑以下条件：达到一定的文化程度，并有丰富的农业生产经验；具备示范工作所需的物资，并且经济状况良好；在当地有一定威望，有一定影响力及号召力；能够真诚地与推广人员合作，主动宣传示范成果；思想不保守，能热情欢迎外来群众观察学习，并能将经验毫不保留地介绍给其他推广对象。在示范工作结束后，他本人应首先采纳示范的成果。

3. 成果示范的方法步骤

（1）成果示范的设计。成果示范在设计上要注意下列事项：①在不影响示范效果的前提下，设计尽量简单。②示范区应设立示范牌，同时设立对照区，以显示示范的比较效果。示范牌上要注明示范的题目、内容、方法、时间及示范的完成单位、技术依托单位等。依据具体情况和需要也可以把农业推广指导人员及示范户的姓名标注出来，以增强荣誉感和责任感。③示范区的规模应足够大，以获得真实的示范效果。④示范区的各种调查及收支情况要有明确记录。⑤考虑人员、资金、物资的来源，同时也要考虑政府部门及有关单位的支持程度。⑥示范区位置的选择要合理，最好设立在示范题目与发生问题有联系的中心地带。此外，还应交通方便，便于其他农户前来参观学习。

（2）成果示范的实施。在示范前和示范进行中，要经常指导示范户。帮助示范户管理好示范区，并建立友好的合作关系，使之感到工作的重要并提高自觉性。要开展系统的调查与记录，对必要的阶段进行摄影或录像，便于以后说明示范的全过程。示范区除设立示范牌外，在示范过程中还可利用大众媒介或个别指导的方式宣传示范技术，引起推广对象的重视。组织推广对象及当地行政领导参观学习，还可邀请外地推广对象及行政领导在特定时间到示范地点进行参观。参观过程中，推广人员或科技示范户要进行讲解，说明示范的原因、技术问题、经济成本及展望，同时让推广对象、科技示范户及推广人员进行经验交流，提出问题并予以解决。

（3）成果示范的总结。成果示范结束之后，应撰写工作总结。其内容主要包括示范背景、范围、计划、程序、结果比较、工作概要、存在问题及工作效果等，并附上原始记录及照片资料。对于成功的经验，要注意利用各种会议及媒介进行宣传，以扩大影响，引起更多推广对象的兴趣从而进行效仿。同时，也可以充实农业推广的教学内容，增加对推广对象教育的实例。尤其是对于邻近地区，大家更为熟知，推广对象更易接受。最后，在总结、宣传的同时，要对示范者进行表彰，鼓励他们以后继续承担示范任务。

4. 成果示范的优缺点 成果示范是目前农业推广应用中最普遍、最有效的方法之一。成果示范通过推广对象在自己的生产区进行示范经营，更具有说服力，使新技术更容易推广，也有利于农村中高素质人才培养。但成果示范也存在一些缺点，主要表现在：选择合适示范户较为困难；示范的周期长，需要推广人员长期蹲点，花费的时间和精力较多，成本高；成果示范经常受到难以控制的自然灾害因素的影响，示范效果年度间存在波动性。作为农业推广人员，应从实际出发发挥成果示范的优点，克服不足，保证成果示范的效果。

（二）方法示范

方法示范是农业推广工作中，推广人员在推广对象面前对某种技能边讲边实际操作的示范过程。它可以在群众面前边讲边操作，也可以结合农事操作的具体环节，将具体做法通过形体、手势、语言、实物介绍给推广对象。例如，春季果树的修剪、水稻旱育壮秧技术等，农业推广人员都可以一边操作、一边讲解进行方法示范，这种方法可以让推广对象通过视觉、听觉、触觉等感官进行学习，在较短的时间内达到好的理解和记忆效果。

1. 方法示范的实施步骤 方法示范的实施，大体上可分为示范的准备、示范、回答问题等几个步骤。

（1）准备。作为示范者，在进行方法示范前都要制订示范计划，把示范的目的、示范的程序和步骤、推广对象可能提出的问题及解决方式逐条列出，便于方法示范有条不紊地进行。方法示范的准备工作具体包括以下几个方面：一是示范内容的准备。方法示范的内容在选择上应做到：①示范的内容最好能适合当地的经济及自然环境。比如，在蔬菜的棚室生产区，为了节水灌溉和减轻病害的发生，推广滴灌技术，且菜农又能够负担得起购买滴灌管及配套设备的费用时，推广人员就可以进行滴灌技术的方法示范。②应选择当地群众最需要的技术。这样便于解决群众遇到的最迫切的实际问题，群众也才有参加示范活动的兴趣。③方法示范的内容，对于推广人员而言，应该有兴趣而且有实践经验，这样才能表现自如，取得好的示范效果。④对于要示范的内容，要适合当众演示，而且能够在短时间内完成。二是示范用具及材料的准备。示范进行过程中所使用的工具及材料，在示范前应准备充分，并熟练掌握工具及材料的组装和使用技术。同时还要考虑示范工具及材料与示范参加人数的对应关系，以便在推广对象实际操作时能够提供必要的工具及材料。三是示范表达及操作练习的准备。要做到生动表达示范内容，推广人员事先应对示范的实际操作顺序及每一步怎样做进行练习，只有这样才能做到心中有数。

（2）示范。首先是介绍，介绍示范者本人的姓名及工作单位，其次要宣布示范的题目，对于示范动机及对当地农业发展的重要性加以说明，使群众产生兴趣，主动参与。其次是操作展示。在操作展示过程中，应做到：①示范者所站的位置要适当，尽量让每一位示范参与者都能看到示范的实际操作过程并听到技术讲解；②示范者的操作速度要慢，每一步都要介绍清楚，对于技术的关键点应进行必要的重复，确保群众能接受和掌握；③要用通俗、简单的语言，甚至需要把理论术语转为方言、俗语，便于沟通交流和技术的掌握；④必要的情况下可以请群众协助完成较复杂的技术操作环节。最后是小结。在操作展示结束后，要对示范的内容做出概括性总结。将示范中的重要技术环节提出并进行重复说明，给出结论。应该注意的是，小结中不要再加入新的知识和概念，不要用操作来代替结论，要劝说推广对象积极采纳和效仿。

（3）回答问题。在示范结束后，推广对象会根据示范的内容结合自己的实践提出各种相关问题。对于群众所提出的问题，推广人员能够现场解答的，则应简单地将问题重复一遍，使其他人能够听清示范者在回答什么问题。对于不能现场做出回答的问题，则不要勉强答复，应说明以后查找资料或请教农业专家后再解决。问题回答结束后，在时间允许的情况下可以给群众实际操作的机会，在操作中再解决群众的疑问，使群众更好地掌握方法示范的技术成果。

2. 方法示范的优缺点　　方法示范的优点表现在：推广对象在示范现场，通过看、听、讨论及实际操作学习新技能，容易引导推广对象进行效仿；有利于同时给一组推广对象介绍新技术；有利于培养具有实际操作技能的人才；推广人员可与推广对象团体直接接触，有利于推广人员与推广对象之间形成良好关系，增强推广对象对推广人员的信任。方法示范成本较低，但也存在缺点：受各种条件限制，一次只能向较少的推广对象进行示范，影响面较小；要求示范者具有丰富的实践经验和较高业务素质，同时还要具备良好的表达能力，能胜任的推广人员较少；示范者在示范前需要做长时间的准备工作。

三、农业推广方法的选择与综合运用

农业推广方法的选择与综合应用就是在掌握农业创新采用与扩散的阶段性规律、农业科技成果转化的扩散规律以及推广对象行为改变原理的基础上，能够根据地区的差异及人群的差异，合理选择推广方法，把具有潜在生产力的农业创新传递给广大推广对象，让其自觉接受和采用，全面发挥农业技术的效果，进而转化为现实生产力。农业推广方法的选择与综合运用过程中，要充分考虑以下几个方面：

（一）考虑推广的目的

对于不同的推广目的，每一种农业推广方法都有不同的效果（表4-1）。农业推广工作要根据农业推广项目的特点，农业推广组织和目标团体的特点，精心设计农业推广方案，确定农业推广方法组合，以达到预计的推广效果。

表 4-1　根据推广目的选择推广方法

目的	推广方法									
	小组讨论	方法示范	成果示范	实地参观	短期培训	农户访问	推广教材	新闻报道	广播电视	办公室访问
技术指导		√	√	√	√	√	√			
大众接触							√	√	√	
使推广对象考虑问题	√	√	√	√		√				√
争取社会各界支持								√	√	
使推广对象有成就感	√	√		√						
引起推广对象的关注	√	√	√	√	√	√	√	√		
让不能参加集会的推广对象学习							√	√	√	√

（二）考虑推广技术本身的特点

为了达到预期的推广目的，农业推广人员首先要充分了解技术的主要特点，在技术推广中尤其要考虑其复杂性和难易程度，从而选择适当的推广方法。

1. 对于简单易学的技术　通过课堂讲授和技能方法示范，可使推广对象完全理解和掌握。

2. 对于复杂难懂的技术　综合使用多种方法、手段，如课堂讲授、模拟演示、实物展示、现场参观、播放视频、技能培训等。

3. 对于在当地未推广过的技术　要通过大众传播方法帮助更多的推广对象充分了解和认识新技术，也可以采用巡回访问、个别座谈等个别指导的方法有针对性地解决不同使用者的问题，还可以通过组织参观成果示范等，使推广对象产生直观的认识和兴趣，并帮助他们结合自家生产的实际进行评价和试用等。

4. 对于在当地推广过的技术　针对在当地推广过的技术，已有部分推广对象在使用，但仍有其他推广对象未采用的情况，要充分了解和分析未采用的原因，采用适当的推广方法有的放矢地解决问题。

（三）考虑推广对象的特点

农业推广对象个体间有着多种差别，如年龄、性别、文化程度、生产技能、价值观等。这决定了推广对象对新知识、新技术、新信息的接受能力不同。因此，在开展农业推广活动时要考虑推广对象的特点，适当选择和应用推广方法。

1. 先进推广对象　对于整体素质表现"先进"的农户以及富裕地区的农

户，农业推广人员可以向他们提供信息咨询服务，并把他们作为试验和示范重点进行个别指导，让他们成为带动左邻右舍应用新技术的创新者。

2. 文化程度低的或老年推广对象　对于文化程度低的推广对象或老年人，首先要采用宣传、培训、参观和现代多媒体手段，让他们通过亲眼见、亲耳听和亲自对比评价，提高认识和兴趣；其次多开展成果和方法示范，提高其生产技能。

3. 落后地区推广对象　对于自然和经济条件差的落后地区，要以改善推广对象生产经营条件为主，为他们全方位地提供资金、生产资料和产后产品处理的服务，同时加强培训和生产过程中的跟踪指导，实现新技术的最佳效益。

（四）考虑新技术不同采用阶段的特点

推广对象在采用新技术的不同阶段，会表现出不同的心理和行为特征。因此，在不同的采用阶段，应选择不同的农业推广方法。

1. 认识阶段　认识阶段是推广对象从各种途径获得信息、了解信息，得到该项创新的基本知识，实现知识改变的过程。此阶段，是人们感知新技术、新成果存在的关键时期，需要使推广的创新信息广为人知，应采用大众传播法。

2. 兴趣阶段　兴趣阶段是推广对象在初步认识到某项创新可能会给他带来一定好处时，产生一定程度的情感变化和心理倾向性，由于产生兴趣行为发生转变的过程。可利用大众传播媒介的宣传和成果示范方法进行推广，辅以家庭访问、小组讨论和报告会，帮助推广对象详细了解新技术的情况，解除其疑虑，增加他们的兴趣和信心。

3. 评价阶段　评价阶段是推广对象根据以往经验、现有技术和拟采用的创新技术进行全面比较、分析和判断的过程。可借助方法示范、经验介绍、小组讨论等较有效的方式，帮助推广对象了解技术规范和操作要求、预期效果等，并针对不同推广对象的具体条件进行分析指导，帮助他们做出决策和规划。

4. 试用阶段　试用阶段是推广对象小规模采用创新，作出进一步评价的过程。在此阶段推广对象对试用新技术的个别指导需求强烈，推广人员应尽可能为推广对象提供已有的试验技术，为其准备好试验设施，使其准确掌握技能，并加强巡回指导，帮助推广对象避免试验失误，取得较为准确的试验结果。

5. 采用阶段　试用成功后，推广对象一般会根据自己的资金、技术等状况，正式决定是否采用该项创新。若推广对象决定采用，就需要筹集资金、准备物资、学习相关技术、联系产品销路、考察市场规模，做好各种准备工作。

在此过程中，可以采取技术指导、信息咨询，配套服务的推广方法。

（五）考虑推广机构自身的条件

推广机构以及人员自身的条件和素质会直接影响到农业推广的效率和效果。经济发达地区的推广机构一般有较充足的推广经费和较先进的推广设备，通常采用大众传播推广手段较多。经济欠发达地区的推广机构受限于财力和物力等条件，主要应用个别指导法，结合开展培训等集体指导法。推广人员数量不足时，可以采用电信和网络等现代化的推广手段，提高推广效率。

（六）考虑推广的区域范围

在推广计划制订的过程中，一般会明确科研成果推广的区域范围，可以根据区域范围大小选择相应的推广方法。如果要把科研成果推广到较大的区域就选择大众传播法，借助大众传播法的推广效率高、传播快的特点进行推广；若是中等范围推广则适宜选择集体指导法，组织所有农户到某一个规定的地点做室内理论培训，再到田间实地讲解，并对农户的疑问逐个解答；对于较小的推广区域可以选择个别指导法，对推广对象进行一对一讲解，开展交流讨论，随时随地解决问题。

》》》 第三节　现代网络媒体推广 《《《

现代网络媒体推广综合了大众传播法、集体指导法、个别指导法三大推广方法的固有优势，满足了现代农业推广即时性、互动性、广泛性的要求，深受农业科技推广工作者和农业生产者的厚爱。

一、现代网络媒体推广的含义与特点

（一）含义

现代网络媒体推广是指农业推广人员利用网络技术和新媒体手段，将语言、文字、声音、图像等融为一体，通过建立农业专题网站、开发应用程序（App）、建设自媒体等，为农业生产者全程提供农业技术指导与咨询服务的现代化农业推广方法，其推广范围大、速度快、内容丰富，与传统的农业推广方法迥然相异。

（二）特点

1. 互动性与个性化　在网络媒体时代，网络媒体推广的信息受众对信息不仅有选择权和控制权，而且对信息有评论权和修改权，信息的接收方也可增加内容和改变信息，信息传递实现了双向互动。由于个人的心理、知识、经验、行为甚至是情绪等对信息需求有很重要的影响，个性化信息定制也成为潮

流，近乎零成本的网络媒体推广的信息生产和传播为这种个性化需求满足提供了可能，信息个性化服务迅速赢得了受众的欢迎。

2. 共享性与复合化　共享是网络媒体最吸引人的特点之一，信息高度共享与按需发送信息的个性化服务，增强了使用者的选择性和主动性。随着数字技术的创新突破，实现声音、图像等复合化体验，特别是 3D 影像技术突破了二维空间的限制，能产生"身临其境"的效果。

3. 丰富性与清晰化　网络媒体技术能够提供海量信息，无论在哪个新闻网站阅读新闻，所看到的相关信息都是非常丰富的，网络媒体信息的深度、广度和发散度远远胜过传统媒体。数字技术广泛应用新媒体后，信号变得更加清晰，传送速度也更快捷。

二、现代网络媒体推广的主要形式

随着网络技术和新媒体手段的不断出现，依托网络媒体开展农业推广工作成为潮流和趋势。与大众传播法相比，现代网络媒体推广更加强调语言、文字、声音和图像的融合。根据网络媒体推广的技术平台、服务形式、受众特征等，现代网络媒体推广形式可分为农业科技网站服务、在线科技服务、自媒体推广等类型。

（一）农业科技网站服务

网站是指在互联网上根据一定的规则，使用 HTML（标准通用标记语言）等工具制作的用于展示特定内容相关网页的集合。农业科技人员可通过网站发布公开的资讯，或者利用网站来提供相关的网络服务。农业生产者可以通过网页浏览器来访问网站，获取自己需要的资讯或者享受网络服务，即农业科技网站服务。另外，农业科技 App 是农业生产者在智能手机或者计算机上下载安装应用软件后，通过链接相关农业科技网站接受农业科技服务。农业科技网站服务有大众传播法的特征。

1. 农业科技网站　农业科技网站有综合网站和专题网站两种类型。综合网站具有信息更新及时、内容丰富全面、涵盖地区广泛的特点，如中国农业信息网（http：//www. agri. cn/），它的页面设置了资讯、科技、生活、顾问、视频五大模块，涵盖了品种、地方、专题三大板块，涉及内容全面、丰富，是当前我国权威性和影响力最强的国家农业综合门户网站之一。专题网站则贴近推广对象生产生活实际，内容具体实用、技术方法操作性强。如全国农技推广网（https：//www. natesc. org. cn/），内容全面，功能强大，信息丰富，是国内农技推广系统权威性较高的政策信息和技术信息交流平台之一。

2. 农业科技 App　农业科技 App 作为专业提供农技问答、专家指导、在线学习、成果速递、技术交流等的综合性服务平台，能够实现农业系统管理人员、农业专家、农技人员和推广对象之间高效便捷的互联互通。农业科技 App 类型众多，按农业生产环节分类，农业科技 App 有产前、产中及产后三种类型。产前 App 主要针对农用生产资料，如种子、化肥、农药、饲料、农机等的信息咨询；产中 App 主要是提供技术指导及服务、病虫害的诊断和防治等技术服务；产后 App 主要是农产品的交易、销售服务。按农业生产对象分类，可分为种植业和养殖业两大类。按 App 的功能分类，可分为专业性和综合性两类。专业性 App 有专门提供农业资讯、农业行情查询等服务的，也有专门提供农业种子购买及溯源功能的，还有专门提供农业知识学习及咨询的，以及专门为新型农业经营主体提供金融信贷服务的。

（二）在线科技服务

在现代农业推广工作中，为了解除时空限制，农业推广人员经常会利用在线课堂、远程会议或者直播平台举行技术培训、在线咨询或产品推销等活动。在线科技服务具有集体指导法的特点。

1. 在线课堂 农业推广人员利用在线课堂开展农业推广的远程科技咨询时，首先要指导农业推广对象在 PC（个人计算机）端和手机端用户分别下载安装在线课堂软件；然后，农业推广人员创建科技咨询沟通群，并请农业科技专家和推广对象加入；这样，农业推广人员和专家就可以使用"群直播"实现与推广对象的在线沟通，实时互动。

2. 远程会议 对于农业推广人员、专家和推广对象来说，利用远程会议可以在线实时沟通交流，推广对象在线咨询农业推广人员和专家农业生产实际中的问题或生产方案，农业推广人员和专家在线提供对策或建议，解决了农业推广人员和专家不能随时随地直接指导推广对象的困难，极大地降低了农业技术咨询和指导的成本，提高了推广工作的效率。

3. 在线直播 在线直播即网络直播，是指人们将现场活动、产品展示、培训内容等实时上传至互联网供人观看的社交、沟通方式。网络直播大致可分为两类：单向网络直播和双向网络直播。单向网络直播也称广播式直播，指将直播内容以视频或声音，直接传播给受众，如各类体育比赛和文艺活动的直播。双向网络直播指在现场架设独立的信号采集设备，将音频和视频内容导入导播端（导播设备或平台），再通过网络上传至服务器，发布至网址供人观看，同时观众可以通过网络积极参与现场互动，如提问、咨询、建议等，以增强推广效果。

对于农业推广工作来说，农业推广人员和专家可以利用在线直播形式实现与推广对象的远程网络沟通和交流。农业推广人员和专家在直播间里可以推广农业科技新成果、新技术、新方法、农产品等，推广对象进入直播间可以和农业推广人员、专家就直播的内容和想要了解的内容进行沟通、交流，达到现场咨询、技术指导及服务的效果。

（三）自媒体推广

自媒体是私人化、平民化、普泛化、自主化的传播者，以现代化、电子化的手段，向不特定的大多数或者特定的单个人传递规范性及非规范性信息的新媒体的总称。自媒体主要有图文自媒体、视频自媒体、音频自媒体和直播自媒体等类型。目前，在农业推广工作中常用的自媒体形式有微信公众号、QQ群、快手和音频等。自媒体推广与个别指导法有相似的特点，但又有所不同。

1. 微信公众号 微信公众号是开发者或商家在微信公众平台上申请的应用账号，该账号与QQ账号互通，在平台上实现和特定群体的文字、图片、语音、视频的全方位沟通、互动，形成了一种线上线下微信互动营销方式。其中，微信公众平台是给个人、企业和组织提供服务与用户管理能力的全新服务平台。

对于农业推广工作来说，农业推广机构、农业推广人员及专家均可申请注册微信公众号，利用该平台来进行农业推广工作。如农业推广机构、农业推广人员及专家可利用微信公众平台的消息推送功能，定时向关注和订阅公众号的微信用户推送有关农业推广方面的信息。推送的消息内容可以是农业最新资讯、科普知识，也可以是农业科技新成果，如新品种、农机具、生产技术和方法等，还可以是与推广对象生活密切相关的实用知识和技能，如家庭教育、理财、健康与卫生、生活小窍门等。

码 4-2
全国农技
推广微信
公众号

2. QQ 群 QQ群是腾讯公司推出的多人聊天交流的一个公众平台，群主在创建群以后，可以邀请朋友或者有共同兴趣爱好的人到一个群里面聊天。在群内除了聊天，还提供了群空间服务，在群空间中，用户可以使用群BBS、相册、共享文件、群视频等方式进行交流。

农业推广人员和专家可以通过建立QQ群来进行农业推广工作。创建QQ群后，可以邀请推广对象加入，然后利用QQ群的众多功能进行沟通交流。如农业推广人员、专家和推广对象在QQ群里除了以文字、语音及视频方式进行即时的政策解读、资讯交流、科技咨询外，推广对象还可上传农作物遭受病虫害的症状图片，请农业推广人员和专家帮忙诊断，并给出可行的解决方案、建议、对策等；农业推广人员和专家也可以上传某地优势或特色农产品的照片、视频等资料来推介该农产品，助力农产品的销售；农业推广人员和专家可以将推广对象按其需求或要解决的问题进行分类，然后创建不同的讨论组，让需求相同的推广对象加入同一个讨论组，对他们共同关心、关注的问题进行集中讨论，使沟通交流更有针对性和效果。

3. 快手　　快手是一款短视频 App，是用于用户记录和分享生产、生活的平台。在快手上，用户可以观看别人拍摄的短视频和直播，也可以用照片和短视频记录自己的生活点滴，还可以通过直播与观众实时互动。与快手功能相类似的 App 还有抖音 App、小影 App 等。

对于农业推广人员和专家来说，可以利用快手 App 来进行农业推广工作。农业推广人员和专家可以在快手上录制并上传推介农业科技新成果、新技术或新方法的短视频，也可以发布科普知识或科技小讲座，还可以在直播间介绍、销售某地的优势或特色农产品，或回答推广对象的咨询，与推广对象进行实时互动、沟通和交流，达到"面对面"沟通的效果。

4. 音频　　音频，指人们通过声音的形式来传播、沟通、交流信息的形式。目前有影响力的音频平台以喜马拉雅 FM、荔枝 FM、蜻蜓 FM 等为代表。农业推广机构、农业推广人员和专家可以通过喜马拉雅 FM 来开展农业推广工作。农业推广机构可以先进行机构主播认证，农技推广人员和专家可以进行个人主播认证。农业推广人员和专家可以将农业科技知识、方法、信息等录制成音频格式的文件，然后上传至喜马拉雅 App 平台，推广对象用户可以在播放后留言、评论；推广人员和专家也可以在语音直播间和推广对象用户以聊天的方式，在轻松的气氛中回答推广对象关于农业生产方面的咨询，帮其答疑解惑；农业推广机构可以邀请知名科技专家等在音频直播间进行直播带货，讲述品牌农产品和产地的故事，介绍产地的风土人情，助推农产品销售，帮推广对象解决农产品销售难的问题。

🔍 本章小结

➤ 农业推广活动必须采用适当的方法，遵循一定的程序。农业推广方法是指农业推广人员与推广对象之间沟通的技术，是农业推广人员为达到推广目的所采取的组织措施、服务手段和工作技巧。

➤ 农业推广方法的传统分类包括大众传播法、集体指导法和个别指导法。实践中，需要根据农业推广活动的特点合理选择和综合运用不同的方法，以发挥最大的推广效益。

➤ 农业推广程序一般包括项目选择、试验、示范、推广、培训、服务、评价七个步骤，其中"试验、示范、推广"仍是农业推广的核心程序。农业推广方法的选择与综合运用，要充分考虑推广内容和目的、推广技术本身的特点、推广对象的特点、不同采用阶段的特点、推广机构自身的条件和推广计划的区域范围。

➤ 现代网络新媒体推广综合了大众传播法、集体指导法、个别指导法三大推广方法的固有优势，能够满足现代农业推广对即时性、互动性、广泛性的要求。在信息技术和互联网技术快速发展的新形势下，农业推广机构要顺应市场的变化，积极运用现代网络新媒体开展推广工作，才能适应现代农业推广的更高要求。

即测即评

**复习思考题**

一、名词解释题

1. 农业推广方法

2. 大众传播法

3. 集体指导法

4. 个别指导法

5. 小组讨论

6. 方法示范

7. 成果示范

二、填空题

1. 根据受众数量与信息传播方式的不同，可将农业推广方法分为（　　　）、（　　　）和（　　　）三大类。

2. 农业推广程序概括起来可分为（　　　）、（　　　）、（　　　）、（　　　）、（　　　）、（　　　）和（　　　）七个步骤，其中（　　　）、（　　　）、（　　　）是农业推广的核心程序，其他步骤是在此基础上的辅助措施和手段。

3. 为了实现技术指导的推广目的，应该选择的推广方法可以包括（　　　）、（　　　）、（　　　）、（　　　）、（　　　）和（　　　）。

4. 农业推广工作中常用的自媒体有（　　　）、（　　　）、（　　　）和（　　　）等。

三、简答题

1. 简述农户访问的技巧和要点。

2. 如何选择和综合应用农业推广方法？

3. 简述方法示范的实施步骤。

第 五 章

农业科技成果推广

☑ **导言**

现代农业的发展越来越依赖科技进步。我国每年约有 6 000 多项农业科技成果问世（不包括技术引进），但转化为现实生产力的仅为 30%～40%。虽然我国目前已经建立了较为系统的农业科技研究体系和农业技术推广体系，但受政策、市场以及农业科技成果推广方式与方法等因素的影响，目前的农业科技成果不能很好地支撑现代农业发展。为了提高科技对现代农业的支撑度，实现乡村振兴的战略目标，必须充分认识农业科技推广与现代农业发展的关系，了解当今农业生产经营管理方式改变对科技成果的实际需求，树立强农兴国、学农报国的家国情怀，积极学习研发更具生命力的科技成果，探索适宜新时代有中国特色的农业科技推广的新体制、新方式、新方法，助力农业现代化和乡村振兴。

☑ **学习目标**

完成本章内容的学习后，你将可以：

➢ 掌握农业科技成果与农业科技成果推广的概念；

➢ 了解农业科技成果的研制过程；

➢ 了解影响我国农业科技成果推广的因素；

➢ 明确农业科技对农业发展贡献的短板和限制因子；

➢ 掌握我国农业科技成果推广存在问题和对策。

>>> 第一节　农业科技成果推广概述 <<<

一、农业科技成果的含义与分类

（一）农业科技成果的含义

农业科技成果是指农业科技人员通过脑力劳动和体力劳动创造出来并且得到有关部门或社会认可的有用的知识产品的总称。农业科技成果内涵丰富：首先，农业科技成果是农业科技人员通过脑力劳动和体力劳动创造的，是农业科技人员在调查、研究、试验、推广应用等过程中付出艰辛的脑力和体力劳动而取得的，是科学精神和科研能力的体现；其次，科技成果要得到社会的认可，在现行科技成果的管理机制下，只有通过政府职能部门组织的鉴定或具备视同鉴定条件的研究和推广成果，得到主管部门认可和准予登记的项目，才能被认定为科技成果；最后，农业科技成果是有用的知识产品，农业科技成果在满足新颖性、先进性和实用性的基础上还需在经济效益、社会效益和生态效益上有突出表现，包括品种、论文、专著、专利、标准（技术规程）等多种形式。

（二）农业科技成果的分类

农业科技成果类型分类方法很多。按专业领域，可分为种植业、养殖业、加工业等成果；按成果的产生来源，可分为科研成果和推广成果；按成果的性质，可分为基础性成果、应用性成果和开发性成果；按成果的表现形态，可分为物化类有形科技成果和非物化类无形科技成果；按成果的研究进程，可分为阶段性成果和终结性成果；按成果内涵的复杂程度，可分为单项成果和综合性成果等。目前，农业科技成果主要按成果的性质和表现形态来分类的。

1. 按成果的性质分类

（1）基础性成果。基础性成果是指在农业科学领域，应用观测、实验等手段捕捉信息、数据，经过科学的分析、归纳、抽象、概括，最后形成能够反映事物本质特征、发展规律等基本原理的理论知识体系，它的主要表现形式为学术论文。基础性成果的学术水平的高低、先进性程度，一般通过在学术刊物或学术会议公开发表，引起国内外同行专家的关注、评论和引用来获得认可的。基础性成果是应用性成果和开发性成果的源泉，它为应用技术研究提供依据、途径与方法，虽不能直接产生经济效益，但却是高新技术发展的重要基础，是培育创新型人才的摇篮，是未来科学和技术发展的内在动力。

（2）应用性成果。应用性成果泛指以基础性成果的原理和知识为依据，科技人员将基础性成果进一步转化为应用技术和物质产品过程中取得的具有应用价值且行之有效的新技术、新品种、新方法、新工艺等。它既蕴含认识自然的成分，又具有改造自然的潜在功能，是理论联系实际的桥梁，在科技成果转化过程中起着承上启下的作用。应用性成果一般是可以直接或间接地应用于生产的实用技术或物化类技术产品，不但易于推广应用，而且具有进一步转化的价值和空间。

（3）开发性成果。开发性成果主要是解决应用性成果在不同地区、不同气候和生产条件下推广应用中所遇到的技术难题，结合具体情况，对应用成果的某些技术指标或性状，通过调试、试验，最后加以改进和提高，或把单项技术成果进行集成组装，形成的综合技术并配套产品。例如，新选育的农作物良种，在推广应用时要选配优良的栽培技术方法，如耕作、水肥管理、机械化等，只有这样才能更好地发挥该品种的增产潜力，并促进推广应用。

2. 按成果的表现形态分类

（1）物化类有形科技成果。一般泛指借助或直接采用相关学科的技术工艺或途径，把基础性成果的科学知识赋予在有直接应用价值的载体中，形成新的物质形态的有形成果。例如，农业动植物新品种、新疫苗、新材料、新型肥料、农药、植物生长调节剂，新农业器械和设备等，这类成果商品属性较高，容易转让、转化。

（2）非物化类无形科技成果。一般泛指人们认识与改造自然，特别是协调生物与自然关系的途径、方法与技巧，通常是以图纸、音像、配方、技术操作规程或工艺流程等形式表现出来的方法技术类成果。例如，农作物的栽培技术，农副产品储藏、保鲜、加工和利用技术，畜禽和鱼类的高效饲养技术，病虫害综合防治技术，水土保持治理技术，可持续性耕作制度，以及生态区划、宏观规划等，均属无形科技成果。这类成果没有物化载体，商品属性低，公益属性高，可通过各种载体，以多种方式加以传播和推广应用。

在实践中，我们还经常会推广公共服务类知识成果。这类成果属于服务性、公益性、宏观性、基础性成果，包括农业科学基础研究成果、应用基础研究成果、软科学研究成果。这类成果不能在技术市场交易，多以论文、报告等形式出现，是应用研究和开发研究的理论基础。例如，气候变化规律，科技成果推广中存在问题及对策等。

二、农业科技成果推广的含义和特殊性

（一）农业科技成果推广的含义

农业科技成果推广也称为农业技术推广，是指通过试验、示范、培训、指导以及咨询服务等，把农业技术普遍应用于农业产前、产中、产后全过程的活动。农业技术是指应用于种植业、林业、畜牧业、渔业的科研成果和实用技术，包括良种繁育、肥料施用、病虫害防治、栽培和养殖技术，农副产品加工、保鲜、贮运技术，农业机械技术，农田水利、土壤改良、水土保持技术以及农业经营管理技术等。由此而知，农业技术推广活动是将农业科技成果转化为现实生产力的过程。

（二）农业科技成果推广的特殊性

农业生产是一种经济再生产与自然再生产相融合的开放性物质生产过程，受自然条件、社会经济条件以及推广对象条件等多方面的影响。与其他领域比

码 5-1
全膜双垄
沟播玉米
种植技术

较，农业科技成果推广有其自身的特殊性，具体表现在以下几个方面：

1. 周期性 农业科技成果由知识形态转化为现实生产力的过程是一个漫长的过程，包含了多个阶段，即农业科技项目的提出、选择、确定、试验、示范、成果鉴定、成果的推广与应用。由于农业生产受季节限制，研究结果需要多个生产季节重复验证，必须经历小区试验、中间试验、区域试验和生产试验等步骤，而且顺序严格，这就决定了农业科技成果的产出周期较长。国内外的实践证明：从农业科技创新思想的产生到科技成果的取得，再到科技成果在农业生产实际中的应用，需要几年、十几年甚至更长的时间。

2. 区域性 我国农业生产地域广阔、生态区域类型多，各区域的气候、地形、土壤等自然条件及社会经济条件差别很大，任何一项成果只能适应某一个或某些地区，成果应用具有明显的区域性。具体表现为：①农业科技成果本身要符合和适应区域的自然条件和社会条件的要求；②在推广过程中还必须有区域的相关条件的支持，如地方科技政策、农村科技服务体系等；③一项农业科技成果在某一区域转化效果显著，在其他区域并不一定同样有效。

3. 综合性 农业科技成果推广涉及的要素和环节较多，它既受自然环境的制约，又受社会条件的影响，农业科技成果的推广应用既可以是单项技术措施，也可以是多项单项技术组装的综合技术。一项成果的推广需要多学科技术支持和多方面人员的参与，并需经过不断修正完善和艰辛努力才能实现。如农作物新品种的育成和推广应用，总是与整个农业科学技术的发展密切相关，只有科学地运用相应配套的栽培技术、耕作制度、施肥灌溉等方面的新成果，良种内在潜力才能充分显现。

4. 持续性 技术方法类成果有明显的持续性特点。首先，在应用时间上有较长的持续性，当某项技术成果经过反复试验、示范，被人们认可并采用后，随着对各技术环节掌握程度的逐渐提高，相关设施相继配套，技术的潜在增产效果就可以得到有效发挥，该技术在当地将会持续使用较长时间，被其他新技术取代也比较难。有时也会将新技术关键创新部分嫁接到原技术中，使原技术更为完善，并继续在生产过程中发挥作用。其次，在技术效果和表现方面，农业科技成果不仅体现在当季或当年，而且往往会体现在生产中应用后的若干年。例如：土壤改良与培肥、农田基础设施建设等成果的应用，不但当时有效益，而且长远效益有时会超出人们的想象。生态防护林建设、生物多样性保护区建设、污染治理类技术效果更为长远。因此，农业科技成果的推广，不应盲目追求短期效益，忽视长远效益，而要坚持可持续发展。

5. 复杂性 农业生产处于一个复杂的开放系统中，受自然因素和社会因素的双重影响，面对不可控的自然灾害和市场价格波动等因素，一些先进成熟的科技成果有可能出现减产、经济效益降低等现象，影响推广效果。例如，某一抗旱技术成果，往往在降水适宜的年份增产效果显著，但遇到特殊的旱灾、雹灾等自然灾害时增产效果可能大打折扣，或者应用一项技术虽然取得了增产效益，但因农产品价格不高和人力成本投入的增加，使得增收效果不及预期。因此，农业科技成果推广应尽量降低自然风险和社会风险给农民增收造成的影响。

6. 时效性 一方面，成果的使用价值会随时间的推移逐渐减小，这是由农业科技成果的寿命周期决定的。在农业生产中，一旦遇到技术问题往往需要立即解决，如果科技成果供给不及时、服务不到位就会给农业生产造成不可挽回的损失。另一方面，试验研究的新成果若不能及时开发应用，也就迟迟不能进入生产系统，随着时间的推移也会过期作废，农业科技成果推广表现出极高的时效性。此外，农业科技成果的需求与其生产农产品的市场需求直接相关，如果该农产品进入市场的衰退期，那么与之相关的技术也很可能会被淘汰。可见，农业科技成果如果不能及时推广，错过了市场需求时期，就很难进入农业生产领域，也就失去了本身的存在价值。

7. 公益性 农业科技成果的经济效益是为广大生产者所享有，产生的社会效益巨大。农业科技成果虽然具有一定的商品属性，但不能完全按商品性质参与流通，特别是非物质形态的技术成果更难等价交换。因此，农业科技成果推广，一般以服务社会效益为前提，而对推广者产生的直接经济效益微乎其微。

三、农业科技成果推广的要素

农业科技成果推广的要素主要由推广机构与人员、推广客体、推广受体、推广环境、推广手段和推广结果等组成，其中：

1. 推广机构与人员 推广机构与人员指从事推广工作的机构和个人，是推广工作的组织者、发起者。主要包括从事推广工作的科研机构及其科研人员、各级推广机构、推广工作者、企业以及从事推广工作的农民。

2. 推广客体 推广客体是指被推广的具体科学技术成果，它既是推广主体的作用对象，又是推广受体的采用对象，在转化之前只具有理论生产力，经过推广可实现其现实生产力。

3. 推广受体 推广受体是指科技成果的采用者或采用单位，主要指农业企业、组织和农民。它是科技成果在经济、社会或生态价值方面的最终受体和科技成果的直接受益者。它在推广要素构成中处于被动地位，如果没有推广受体的主动接收，农业科技成果推广就不能有效完成。

4. 推广环境　推广环境是指推广工作所处的自然环境、社会环境。自然环境如产地条件、生产条件等，社会环境如政策、市场、信息、交通、经济、文化等。

5. 推广手段　推广手段是指科技成果由理论生产力转化为现实生产力过程中所应用的技术、方法、方式以及推广所需要的设备等，是推广工作必不可少的物质基础和社会保障。

6. 推广结果　推广结果是指科技成果推广后产生的效益，一般包括经济效益、社会效益和生态效益。

由以上诸要素可知，农业科技成果推广就是在一定的环境中（自然环境和社会环境），推广机构与人员应用正确的理论、方法、手段，通过一定的渠道，将科技成果传播给推广受体，经推广受体应用并实现其现实生产力的过程（图 5-1）。

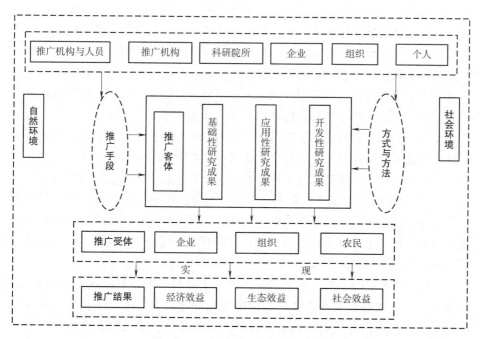

图 5-1　农业科技成果推广构成要素及相互作用

资料来源：高启杰，2014. 农业推广学［M］. 北京：中国农业出版社.

四、影响农业科技成果推广的主要因素

1. 农业科技成果的质量　农业科技成果在科技推广过程中是"不推而自广"还是"久推而不广"，科技成果的质量起着决定性作用，其质量是科技成果推广的先决条件。科技成果质量主要体现在以下几个方面：

（1）成果的创新性。创新性是指某项成果的创新点在解决农业实际问题的途径、方法、技术等方面是否比已推广应用的成果具有更科学、更先进的实用价值。

（2）成果的成熟性。成熟性是指成果在应用过程中的稳定性和可靠程度。成熟的成果应该经过多年多次重复观察、试验，并通过在不同生态条件和气候条件下的验证，形成的具有重演性和应用价值的理论或技术。

（3）成果的效益性。效益性是指成果被推广采用后，要有显著的经济、生态和社会效益。农业生产者往往只考虑经济效益，而忽略生态效益和社会效益，但研发人员、推广人员必须综合考虑三大效益。

（4）成果的适应性。适应性是指成果在生产上的适应范围。我国地域辽阔，各地自然资源条件千差万别，社会经济条件也很不平衡，普适性较强的成果易推广，普适性较差的成果推广成本高、规模效益小，推广较困难。

（5）成果的实用性。实用性是指成果在应用推广过程中的难易程度。那些一看就懂、一学即会、易操作、耐使用的成果，极易推广。一些难理解、操作环节复杂、实施条件苛刻的科技成果，推广较为困难。

2. 农业科技成果转化系统的完善性　系统是指由相互作用和相互依赖的若干个组成部分结合而成的有特定功能的有机整体。农业科技成果转化系统分为三个亚系统，即成果产出亚系统、成果鉴定亚系统和成果推广亚系统。

（1）成果产出亚系统。在我国，成果产出亚系统主要由高等院校、科研机构、企业及部分有研发创新能力的个人组成，是推广工作的源头，决定着科技成果的数量和质量。该系统高效运转，必须有有效的政策、充足的资金和优秀的人员等条件作为保障。

（2）成果鉴定亚系统。成果鉴定亚系统主要是对农业科技成果的创新性、成熟性、经济效益等学术价值和实用价值进行评价和鉴别。在我国，目前该系统的具体工作由科技部、农业农村部，各省级科技厅、农业农村厅（农牧厅）等机构组织相关专家采取现场验收、会议验收和书面验收等方式进行鉴定。

（3）成果推广亚系统。成果推广亚系统是联系科研和生产系统的纽带和桥梁，是成果转化为现实生产力的关键环节。现阶段，我国农业生产者、生产水平、经营

管理方式发生了较大的变化，亟须构建适应现代农业发展水平的推广系统。

要使农业推广系统体系更完善，必须协调好三个亚系统之间的相互关系，优化农业推广系统的运行机制，创新观念、方法、手段，注重管理，提高农业科技成果推广成效。

3. 推广对象对科技成果的需求与认可 当前，农业科技成果的推广对象正在发生着大的转变，新型农民、家庭农场、农业合作组织、农业企业等成为主要推广对象。不同推广对象群体对同一科技成果的认识、兴趣不同，决定其是否应用该科技成果。一项科技成果的推广能否被推广对象认识、认可、采纳、接受和应用，其前提是科技成果是否满足推广对象的不同需求，是否能给推广对象带来好的收益。在我国农业推广工作中，推广对象对农业科技成果的有效需求相对不足，主要原因有：①多数推广对象的经济实力相对有限，对农业科技成果的接受存在现实障碍；②多数推广对象的文化素质较低，导致接纳科技成果的能力较差；③推广对象的经营规模普遍较小，制约着科技成果的采用。

4. 农业科技成果推广的方式与方法 农业科技成果推广方式是指农业推广机构与人员同推广对象进行沟通，将科技成果应用于生产实践从而转化为现实生产力的方式。农业推广方法是指农业推广人员与推广对象进行沟通的技术。在特定场合选择和运用适当的方式与方法关系着整个农业科技成果推广工作的效率。因此，在实践中要不断探索多样化的农业科技成果推广的方式和方法。

5. 农业科技成果推广的政策与投入 农业科技成果的推广需要宏观政策的支持和推动，即需要有关政策、法律、法规作保障。如农业科技成果转化、农业技术推广、专利保护、技术合同规范等方面的法律，都对科技成果推广起到了宏观控制和调节的重要作用。在市场经济条件下，农业科技成果推广，尤其是公益性科技成果的推广，需要大量的资金支撑。对于经济收入不高的农民来说，资金不足制约了其对农业科技成果的采用。另外，仅仅依靠财政资金支持农业科技成果推广，资金来源单一，渠道面狭窄，难以有效支撑农业科技成果推广。

>>> 第二节 农业科技成果推广的主要方式 <<<

我国农业科技成果推广的基本方式本质上与国外无大的区别，但由于其推广管理体系、农业经营规模、农民素质等方面的特殊性，通过多年的探索与实践创新，形成了具有中国特色的农业科技成果推广方式。

一、项目推广

项目推广即项目计划推广方式，是相关机构有计划、有组织地依托项目推广农业科技成果，是我国目前农业科技成果推广的重要形式。各级农业行政部门和农业推广部门，每年都要从已有科研成果和引进技术中编列一批重点推广项目，有计划、有组织地大面积推广应用。其中，项目的设置与立项是由科技主管部门，根据"三农"问题及国民经济发展的需要，把一些相对重要的科技成果以项目的方式立项资助，由推广部门将成果推广到农业生产当中，以实现政府的农业发展目标。其运行特征表现为无偿性和公益性，即农业技术的选择和应用取决于国家战略或农业发展目标，农业推广部门的经费来自财政拨款，技术服务是无偿提供的。例如，科技部的重点研发计划、科技扶贫项目、农业科技园区建设项目等，各省、市、区不同层次还有相应的推广项目，这些均已成为农业新技术推广的重要途径。

二、综合服务

现阶段，农业生产不仅需要产中的技术服务，更需要产前的市场信息服务和生产资料供应及产后的产品销售等信息和经营的服务，这就要求农业推广人员要采取技术、信息传播和经营服务相结合的综合服务推广方式。综合服务推广的意义在于：①技术推广与经营必要的农用物资经营相结合，可增强推广机构自我积累、自我发展的能力，使一大批新技术能及时广泛地应用于生产。②可促进流通，弥补有关农用物资经营主渠道不畅通的不足，满足生产的需要，方便群众。③农业推广机构和农业推广人员可以因地制宜地开展产前、产中、产后服务，可以把产前的预测、产中的技术指导、产后的产品经销集合起来，形成一条龙的配套服务。如农民遇到病虫害可以到农业技术服务站就诊，有关专家可根据农民反映或现场的情况进行诊断，农民在服务站可以买到相应的农药。

综合服务既解决了过去推广与物资供应相脱节的状况，又为农业推广取得效益提供了物质保证。但在实际推广中，一定要处理好无偿服务与有偿经营服务、兴办实体和推广服务之间的关系。

三、科技成果转让

科技成果转让是在尊重市场规律的前提下，科技成果持有者与企业、组织或个人对接，双方在自愿、互利、公平、诚实信用的原则下，科技成果持有者以自行投资、向他人转让、许可他人使用，以科技成果作为合作条件与他人共同实施转化，或以该科技成果作价投资，折算股份或者出资比例等方式向企业或其他组织转移科技成果的方式。目前，部分农业科技成果的保密性差、农业的弱质性明显，使得技术方法类的无形科技成果难以转让。随着农业科技水平的提高和农业生产经营方式的转变，以经济效益为纽带的科技成果转让将迎来新的机遇和发展空间。

四、农业科技专家组织推广

农业科技专家组织在我国农业科技成果推广活动中的影响很大，有科技顾问团、科技专家大院、科技小院等不同形式。无论是哪一种形式，都是由科研机构、高等院校的专家、研究生组成科技服务团队，结合科技专家的智力资源优势与地方农业发展实际，围绕区域主导产业，依托企业、农民合作经济组织和专业技术协会，通过建立科技示范基地，开展相关技术研发、技术咨询服务及农民培训等方式，缩小理论生产力与现实生产力、试验与生产的差距，实现农民增收、产业发展和科技进步。

这种方式能紧密结合地方经济社会发展需求，发挥高等院校、科研院所科技资源优势，缩短成果转化的时间，减少许多中间环节，有效解决农村科技、信息传播的"最后一公里"问题，是新时期科技贴近农村、专家贴近农民、技术贴近农业生产的重要途径。要使这种方式有效运行，关键在于高等院校、科研院所要建立完善的激励制度，同时要有良好的宏观环境。

码 5-2
中国农业大学的"科技小院"模式

五、新型农业经营主体＋农户

随着农业现代化进程的加快和农业生产者角色的变化，农业企业（公司）、农民合作组织、家庭农场等新型农业经营主体异军突起，成为我国农业发展的中间力量。以订单农业、托管服务等形式为代表的企业（公司）＋农户、农民合作组织＋农户、农业协会＋农户等多元推广方式越来越受青睐。在这种方式中，企业（公司）、农民合作组织、农业协会等新型农业经营主体通过合同与农民结成利益共同体，利用自有资金、场地、市场及品牌优势，将农户的分散生产和集中经营相结合，通过为农户统一购买或提供生产所需的新品种、化肥、农药等质优价廉的生产资料节约生产成本，通过技术人员全程化的科技服务提高生产的标准化程度，通过规模化生产、集约化管理、现代化经营提高农产品价值和经济效益，有效地解决了生产、加工、流通与农业科技成果推广脱节的问题，实现了农业科技成果由产中向全程、生产向产业化发展的贯通，是最具活力和适应现代农业与市场经济发展的有效方式。

第三节 我国农业科技成果推广存在的问题与对策

一、农业科技成果推广中存在的主要问题

1. 农业科技推广投资状况令人担忧

（1）投资总量不足。我国现阶段农业科技成果推广经费来源主要是政府财政一般性农技推广事业费支出、专项推广项目经费以及其他非政府来源的推广经费。尽管我国逐渐提高了农业科技成果推广的经费投入水平，但受农业从业人口数量大、农业比重大等因素的影响，我国的农业科技成果投资总量不足。

（2）投资结构不合理。农业科技成果推广事业费支出包括人员经费（农业推广人员工资）和业务经费（活动经费）两部分。总体上，人员经费占技术推广总经费的比例较大，用于农业科技成果推广的业务经费占比较低，限制了推广人员的工作积极性和创造性，也使一些需要长期监测的农业科技成果的试验、示范及推广工作不能持续进行。

2. 农业推广队伍的总体素质有待提升

（1）农业推广人员结构不合理。这主要表现在县、乡（镇）两级技术推广人员中，有正式编制的推广人员数量较少。现有人员中老、中、青人员年龄比例不当，从事种植业、养殖业的推广人员比例与目前的生产规模不匹配。

（2）农业推广队伍知识结构不够合理。一方面，由于人员编制限制，涉农专业大学毕业生较难进入农业科技推广部门从事推广工作，导致农业推广人员本科及以上学历人数比例不高。另一方面，一部分推广人员存在专业不对称、实践能力不足、缺乏推广经验等问题。此外，在岗的农业技术推广人员参加培训的机会不够多，知识有效更新慢，影响向农民推广最新的农业科技成果。

3. 农业科技成果推广体制不尽合理

（1）政府推广机构偏重行政职能，推广项目缺乏市场导向。政府推广机构自上而下地行使行政性推广职能，考虑农民真实的科技与信息需求不够，导致推广项目的市场导向性不够强。长期以来，一些农业推广机构的主要职能是完成各级政府的推广任务，而不是充分考虑农民是否急需或有条件有能力应用这些技术，导致技术推广项目随意性较大，持续性有待提高。

（2）部分专业化的农业推广机构各自为政，降低了农业技术推广的效率。许多县的农业推广服务中心设置了农技站、植保站、园艺站、土肥站等，他们都属于农业推广部门。对于一些农业技术推广项目，往往是一个部门牵头，其他部门协作，但由于部门之间缺乏有效的沟通，导致技术推广效率不高，技术

推广资源浪费。

（3）条块分割导致县、乡（镇）两级业务工作脱节。农村税费改革后，乡（镇）农业技术推广的人事、财产、人员工资等下放给了乡（镇）政府，部分县、乡（镇）推广部门之间缺乏有效联系，导致县级推广部门工作量大，任务重，另外，部分乡（镇）农业技术推广站工作缺乏独立性，人员被抽调或调动频繁，也对农业科技推广工作产生不良影响。

（4）多元化的推广组织之间缺乏有效合作，造成推广资源的浪费。目前我国的农业推广组织主要有 5 种类型，即行政型农业推广组织、教育型农业推广组织、科研型农业推广组织、企业型农业推广组织和自助型农业推广组织。这些推广组织的发展目标、内部结构、服务对象、行为方式都不一样，导致农业推广组织之间缺乏有效的合作、不合理的竞争和有限推广资源的浪费。

4. 农业科技成果推广的方式和方法与市场需要适应度需提高

（1）自上而下的技术推广方式，使农民难以参与项目决策。目前，农业推广项目多由农业和科技主管部门决定，然后逐级下达，一定程度上存在依靠行政命令搞推广的做法，农民难以参与项目决策，加之部分推广人员与推广对象之间缺乏有效的沟通，导致推广的科技成果与推广对象的需要可能不一致，而出现农民只增产不增收的现象，使有限的项目经费难以产生应有的效益。

（2）尚未建立有效的费用共担机制。随着农业生产与经济发展水平的提高，越来越多的农业生产者愿意接受技术推广组织的有偿服务，只要投入和产出相对合理，他们是愿意承担一部分技术推广费用的。但目前这种服务模式主要在民间推广组织、个体推广者与农民之间存在，政府的专门推广机构多数尚未和推广对象建立有效的费用共担机制。

5. 农业科技成果推广政策与管理尚存在缺陷

（1）农业技术推广事业单位的定性存在一定的随意性，缺乏有效的改革与长久的支持政策。尽管在有关文件中明确了一些专业推广机构的事业单位性质，但对公益性推广机构的改革与管理缺少明确的政策与方案，导致部分地区对农业推广事业单位的定性与管理不同，影响了开展推广活动的能力和运行效率。

（2）人员管理政策不够严密，导致推广机构非专业人员增加。我国目前普遍实行了乡镇农业技术推广机构的定性、定编、定员的"三定"工作，这一政策的最初设想是想通过"三定"来稳定农业技术推广人员队伍，改变农业推广组织"线断""网破""人散"的状况。然而，由于有些地方管理政策不够严密，安置了一些非专业人员进入农业推广机构，导致部分农业推广机构臃肿，推广效率低。

（3）农业推广相关法律难以适应农业农村发展的新形势。1993 年 7 月 2日通过的《中华人民共和国农业技术推广法》，在 2012 年 8 月 31 日又进行了修订，对发展和规范我国的农业技术推广事业起到了积极的推动的作用，但是，一些条款仍然跟不上我国农业农村发展的步伐。

二、我国农业科技成果推广改革与发展对策

我国农业科技成果推广迫切需要逐步建立一个符合中国国情、适应市场经济与现代农业发展要求，充分发挥政府推广体系和非政府组织的作用，从产前到产后、从专业到产业的多体制、多机制、多功能的社会化的农业科技成果推广体系。因此，应从以下几个方面着手：

1. 贯彻"以人为本"的农业推广观念　贯彻"以人为本"的农业推广观念，应切实做好以下几个方面的工作：①实行科研单位、高等院校、推广机构与群众性科技组织、科技人员、农业劳动者相结合，鼓励和支持科技人员开发、推广应用先进的农业技术，鼓励和支持农业生产者和农业生产经营组织应用先进的农业技术。②在健全与巩固政府农业推广体系的基础上，积极培育和扶持各类社会性科技服务组织，使其与政府农业推广体系建立有机联系与合作，从而作为政府推广体系的重要补充及依靠力量。③允许和鼓励种养大户、购销大户、龙头企业、涉农单位及相关科技人员等牵头，积极领办或创办建立在农户基础上的、吸收众多农户参加的各种专业协会、研究会、联合会及合作社、产业服务中心等科技型服务组织，为会员及农户提供产前、产中、产后一条龙服务，让科技与生产结成利益共同体。

2. 建立和完善适应市场经济要求的多元化合作推广体系　建立和完善多元化、多层次的农业技术推广体系，要在以下几方面突破：①在推广运行过程中，要建立多元化主体间的有效竞争与合作机制，尤其要加强基层农业推广体系建设和推广机制创新。②引导科研教育机构积极开展农业科技服务，使之成为公益性农业科技推广的重要力量。支持高等学校、科研院所通过建立农业试验示范基地和承担农业技术推广项目，集成、熟化、推广农业技术成果。③通过政府购买性服务方式，扶持农民专业合作社、供销合作社、涉农企业等社会力量广泛参与农业产前、产中、产后服务。充分发挥农民专业合作社组织农民进入市场、应用先进技术、发展现代农业的积极作用。

3. 进行用人机制改革，培育一支精干高效的农业科技推广队伍　农业农村现代化需要配备一支高素质的农业科技推广队伍，农业科技推广队伍建设要重视农业教育与推广人员的管理。

（1）重视农业教育。加快高等农业院校建设步伐，搞好涉农学科专业建设，加强农科教人才培养基地建设，深入推进大学生"村官""第一书记"计划、"三支一扶"等计划，加快中等职业教育，落实职业技能培训补贴政策，鼓励和引导高等学校毕业生到农村基层工作，优先补充农业技术推广队伍数量

不足、学历不高的缺陷。

（2）在农业技术推广人员管理上，实行农业推广人员资格准入制度和政府推广人员的公务员制度。通过严格、公正的考试录用制度保证农业推广人员拥有较高的素质与技能，逐步推行事业干部和技术人员全员聘用制、技术职务竞争上岗制、目标责任考核追究制。重视农业技术推广人员的岗位培训，完善基层农业技术推广人员职称评定标准，注重工作业绩和推广实效，职称评聘向县、乡（镇）以及生产一线倾斜，促使农业技术推广人员自觉加强学习与实践，努力提高自身素质。

4. 加大教育培训力度，提高农民综合素质 教育培训高素质农民是农业推广的职能之一。要提高农民综合素质，应做好以下四个方面工作。①大力发展农村基础教育，加大农村教育投入，完善农村教育经费保障机制，改善农村教育条件。②以提高科技素质、职业技能、经营能力为核心，大力培育高素质农民、实用人才。对未升学的农村初高中毕业生免费提供农业技能培训，对符合条件的农村青年务农创业项目和农民工返乡创业项目给予补助和贷款支持，积极引导有志青年回乡创业，发展农民专业合作社、家庭农场等新型经营主体。③加快农村骨干人才的培养。例如：村干部、农民专业合作社负责人、到村任职大学生等农村发展带头人，培养农民植保员、防疫员、水利员、信息员、沼气工等农村技能服务型人才与种养大户、农机大户、经纪人等农村生产经营型人才。④发挥各部门各行业作用，加大各类农村人才培养计划实施力度，扩大培训规模，提高补助补贴标准，努力提高农民科技文化素质。

5. 改进农业科技成果推广的方式，培育积极的用户系统，完善农业技术市场，拓宽服务领域 加强农业科技推广方式的改进，①要适当调整推广机构的职能，提高农业推广对象的参与度，强化基层公益性农技科技推广服务，探索应用以项目式为主的多元化农业科技推广方式。②鼓励推广人员深入推广工作一线，研究农户的科技采用行为，创新应用各种先进的推广方法，将农业科技服务贯穿于农业产前、产中和产后各环节。③以利益为纽带，建立推广机构、人员与新型经营主体的长久联系，培育积极的用户系统。④不断完善技术承包、技术开发、技术咨询、技术服务等农业技术推广服务方式，拓展服务领域，使农业科技成果推广与政府、推广对象及市场的需要相适应。

6. 完善"产学研"合作模式，促进科研、教育、推广的有效结合 理论研究和实践经验表明，生产部门、科研机构、教学单位有效结合的"产学研"合作模式能够立足农业生产中的实际问题，利用各自优势通过科研项目合作共建试验示范与人才培养基地、开展农业科技创新、社会服务与人才培养。这种模式缩短了科研成果的推广路径，提高了农业科技成果的转化率和普及率，加快了科技信息的集成和传递速度，在脱贫攻坚、乡村振兴以及农业农村现代化建设中发挥了重要作用。目前，农业技术推广与农业科研、教育同步发展是现代农业技术推广的必然趋势，也是拓宽农业技术推广职能的有效途径。

7. 适当增加农业科技推广投资总量，改善投资结构，完善经费投入机制

随着经济和现代农业的发展，政府应逐渐增加农业科技成果推广投资，在投资总量不断增加的条件下，探索建立政府和非政府组织相结合农业科技成果投融资结构，把政府投资主要集中于公益性和基础性项目上，把非政府投资集中于投资回报率较高、市场调节较灵活的竞争性项目上。投资结构的改善需在以下三个方面加强：①逐渐增加中央财政、地方各级财政对科技成果推广的投入，合理分配科技成果研发与推广的资金投资比例。②支持、鼓励和协助科研单位和企业扩大融资渠道，拓宽融资领域，向市场筹措资金，支持有条件的科研、企事业单位通过发行债券、股票的办法筹集资金。③在农业推广组织内部，分流非技术推广人员，鼓励和支持他们兴办经济实体，建立和完善现代企业制度，推行股份制和股份合作制，增强推广机构的实力，促进推广事业发展。

8. 加强农业推广信息系统建设，提高农业科技推广传播的效率 农村广播、电视、手机、互联网等信息产品的应用、普及，有力地改变了农村信息闭塞、不畅的局面。充分利用大众传播媒介发布农业新技术、新成果以及农产品市场信息，发挥广播、电视、互联网等远程传播手段的优势，可以快速有效地向广大农户、涉农企业、基层农业技术推广人员提供技术、信息、培训和咨询服务。农村科技信息系统建设就是充分利用国家、县（市）级有线广播电视网络系统和互联网技术，把农村最急需的科技、信息以简明扼要、通俗易懂的形式，通过手机短信、微信、QQ、抖音、快手等途径灵活传送给农户、涉农企业、乡村基层干部以及其他各类推广对象，为其提供高效便捷、简明直观、双向互动的服务。同时，加大对农民互联网、智能装备应用的培训力度，建立农产品网络销售平台，加快农产品物流业的发展，促进农产品交易市场从有形向无形的转化，全方位增加农民收入，提高农业科技成果推广效率。

🔍 **本章小结**

➢ 农业科技成果是指农业科技人员通过脑力劳动和体力劳动创造出来并且得到有关部门或社会认可的有用的知识产品的总称。农业科技成果按成果的性质可分为基础性成果、应用性成果和开发性成果；按成果的表现形态分为物化类有形科技成果和非物化类无形科技成果。

➢ 农业科技成果推广也称为农业技术推广，是指通过试验、示范、培训、指导以及咨询服务等，把农业技术普及应用于农业产前、产中、产后全过程的活动。

➢ 项目推广、综合服务、科技成果转化、农业科技专家组织推广、新型经营主体＋农户是我国农业科技成果推广的主要方式。

➤ 目前，我国农业科技成果推广存在的主要问题有：农业科技推广投资状况令人担忧，推广队伍的总体素质难以满足推广对象的需要，农技推广体制不尽合理，农业技术推广的方式和方法与市场需要不相适应，农技推广政策与制度还存在缺陷。

➤ 我国农业科技成果推广改革与发展对策主要是：贯彻"以人为本"的农业推广观念；建立和完善适应市场经济要求的多元化合作推广体系；进行用人机制改革，培育一支精干高效的农技推广队伍；加大教育培训力度，提高农民综合素质；改进农业科技成果推广方式，培育积极的用户系统，完善农业技术市场，拓宽服务领域；完善"产学研"合作模式，促进科研、教育、推广的有效结合；适当增加农技推广投资总量，改善投资结构，完善经费投入机制；加强农业推广信息系统建设，提高农业科技推广传播的效率。

即测即评

📝 复习思考题

一、名词解释题

1. 农业科技成果
2. 农业科技成果推广
3. 基础性研究成果
4. 应用性研究成果
5. 开发性研究成果

二、填空题

1. 农业科技成果按其研究性质的不同，可以分为（   ）、（   ）和（   ）三大类。

2. 农业科技成果按其表现形态的不同，可以分为（   ）和（   ）两类。

3. 我国乡级农业技术推广机构实行的"三定"具体是指（   ）、（   ）和（   ）。

三、简答题

1. 简述农业科技成果推广的特殊性。
2. 影响农业科技成果推广的主要因素有哪些？
3. 我国农业科技成果推广的主要方式有哪些？

第 六 章

农业推广信息服务

☑ 导言

随着信息技术的快速发展，智慧农业、数字乡村和农业农村现代化建设的推进，农业推广信息的发送、传输、获取方法与手段越来越便捷，这不仅有利于农业推广服务人员进一步提高农业推广信息服务水平与质量，更有利于农业科研工作者把科技成果快速转化为现实生产力，也有利于促进农村经济、社会、管理、文化等方面的发展和乡村振兴战略的实施。

农业推广信息的种类繁多，来源广泛，获取途径多样，从海量的农业信息中快速获取能为自己所用的有效信息，成为困扰人们的主要障碍。因此，了解农业信息技术、农业推广信息采集与处理方法、农业推广信息系统的构成以及获取农业推广信息的方式方法，对提升获取有效农业推广信息的效率，提高农业推广信息的转化和利用效率，提高农业信息对经济社会发展的贡献率特别重要。利用信息技术进行农业信息的有效获取与传播，让真实有用的农业信息及时送到需求者手中，促进农业科技成果快速转化为现实生产力，是农业推广人员开展信息服务的重要职能。

☑ 学习目标

学习本章内容后，你将可以：

➢ 了解信息的含义、形态与特征，了解农业推广信息的种类、来源及其特性；

➢ 了解农业推广信息系统的组成与类型；

➢ 掌握农业推广信息采集原则、方法与处理过程；

➢ 掌握农业推广信息服务的内容与作用、方式与模式；

➢ 掌握农业推广信息服务的方法与技能。

≫≫≫ 第一节　农业推广信息概述 ≪≪≪

一、信息的含义、形态及特征

（一）信息的含义

信息是指通过一定物质载体形式反映客观事物的变化和特征。从本质上看，信息是对社会、自然界的事物特征、现象、本质及规律的表征与描述。信息的含义因学科不同而异，信息是可以为人们认识、掌握和利用的。如气象台每天发布的天气预报，人们掌握了气象的信息，可以适当安排或调整生产、工作和学习活动。

在日常生活中，人们往往把信息理解为消息、情报、知识、数据、资料等的总称，但在科学术语中，上述各个概念相互之间以及它们与信息之间都有一定差别。例如，信息与知识，前者反映了事物运动的状态及其变化方式，后者则是反映事物运动的状态及其变化方式的规律；信息经过加工后才能获得知识，没有信息，也就谈不上知识。因此，知识是信息升华的成果，是浓缩的系统化了的信息。又如，信息和数据也是有区别的，数据是对某种情况的记录，而信息则是经过加工处理后对管理和实现管理目标具有参考价值的数据，属于一种资源。

（二）信息的形态

信息的形态是信息本身即信息内容在现实世界中的存在形态。"本态"和"物态"是信息的两个基本形态："本态"即信息在生命体（信息主体）中的存在形态；"物态"即信息在生命体（信息主体）外的存在形态，"物态"的意义主要在于信息行为即信息的传播、处理、储存和信息行为的速度、效率以及保障信息内容的确定性与可靠性。信息的形态主要有以下几种：

1. 数据信息　数据信息是指以数字形式存在的数据。信息经过数字化转变成数据，进行输入、存储、处理、输出和应用，数据是数字化的信息。信息是数据的含义，数据是信息的载体。

2. 文本信息　文本信息是语言文字的实际运用形态，但更多的是指以文字形式存在的信息形态。常见的存在形式有：印刷材料（书籍、文字资料等）、电子文档和网络信息库。

3. 音频信息　音频信息是指自然界中各种音源发出的可闻声和由计算机通过专门设备合成的语音或音乐，可以通过广播、宣传片、组织培训、在线交流等渠道进行传播，以音频为存在形式的信息。音频信息可通过后期加工和完善，可以保证音频信息的最佳效果，但有某些特殊要求的信息必须保持原来的真实情况和状态，不能进行修饰和编辑加工。

4. 图像信息　图像是对客观对象的一种相似性的、生动性的描述或写真，是人类社会活动中最常用的信息载体。由于其具有直观和形象的特性，图像所携带和表达的信息丰富形象，较之单一的文字信息更受欢迎。随着数字化的普及，图像信息的类别随之丰富，除了常见的图片，通过各种设备拓展得到的数字图像，如卫星云图、遥感图像、监测图像等，也属于图像信息。图像信息可以通过计算机软件和各种工具进行编辑、加工和传输。

5. 多媒体信息　多媒体是文本、声音和图像信息的综合体。得益于信息技术的进步和应用，数据、文本、声音、图像四种信息形态可以相互转换，信息资源经过处理后也可以转换成数字信号，上传至平台，再通过不同渠道把数据进行转化成信息。多媒体的形式包括视频、音频、图像等，随着信息技术的发展，农业多媒体信息的应用越来越广泛。

（三）信息的基本特征

信息是事物运动的状态与方式，是物质的一种属性，具有以下八个基本特性：

1. 依附性　信息的表示、传播和储存必须依附于某种载体。语言、文字、声音、图像和视频等都是信息的载体。纸张、胶片、磁带、磁盘、光盘，甚至人的大脑等，都是承载信息的媒介。

2. 感知性　信息能够通过人的感觉器官被接受和识别。其感知的方式和识别的手段因信息载体不同而各异：物体、色彩、文字等信息由视觉器官感知，音响、声音中的信息由听觉器官识别，天气冷热的信息则由触觉器官感知。

3. 传递性　信息可以通过语言、声音、网络等方式进行传递，具有可传递性。信息传递可以是面对面的直接交流，也可以通过电报、电话、书信、传真等来沟通，还可以通过报纸、杂志、广播、电视、网络等来传送。

4. 加工性　对信息进行整理、归纳、去粗取精、去伪存真，从而获得更有效的信息。因此，信息具有可加工性。比如，天气预报一般要经过多个环节。首先，要获取第一手大气资料；其次，进行一定范围内的探测资料交换、收集、汇总；最后，对各种气象资料进行综合分析、计算、研究得出结果。

5. 共享性　信息可以被不同的个体或群体接收和利用，并不会因为接收者的增加和使用次数的增加而损耗。比如，电视节目可以被许多人同时收看，但电视节目内容不会因此而损失。信息共享可使信息资源发挥最大效用。

6. 时效性　信息是对事物存在方式和运动状态的反映，随着客观事物的变化而变化。比如，股市行情、气象信息、交通信息、农产品市场价格等瞬息万变。

7. 价值的相对性 信息具有使用价值，能够满足人们某一方面的需要。但信息使用价值的大小取决于受者的需求及其对信息的理解、认识和利用能力。

8. 可伪性 由于人们在认知能力上存在差异，对于同一信息，不同的人可能会有不同的理解，形成"认知伪信息"，或者由于传递过程中的失误，产生"传递伪信息"。

二、农业推广信息种类、来源与特征

（一）农业推广信息的种类

农业推广信息是指与农村发展、农业技术推广等方面具有直接或间接关系的各种信息。农业推广信息的用户涉及普通农民、种养大户、农民经纪人，各类农村专业技术组织、农村基层组织、涉农企业，农业推广教学、科研及行政管理等机构的有关人员。农业推广信息种类主要包括以下 10 类：

1. 农村政策信息 农村政策信息包括与农业生产和农民生活直接或间接相关的政策、法律、法规、规章制度等。

2. 农村市场信息 农村市场信息包括农产品储运、加工、销售、贸易与价格、生产资料及生活消费品供求等方面的信息。

3. 农业资源信息 农业资源信息包括各种自然资源（如土地、水资源、能源、气候等）和各种社会经济资源（如人口、劳动力等）以及农业区划等方面的信息。

4. 农业生产信息 农业生产信息包括生产计划、产业结构、作物布局、生产条件、生产现状等方面的信息。

5. 农业经济管理信息 农业经济管理信息包括经营动态、农业投资、财务核算、投入产出、市场研究、农民收入与消费支出状况等方面的信息。

6. 农业科技信息 农业科技信息包括农业科技进展、新品种、新技术、新工艺、新产品、生产新经验、新方法等。

7. 农业教育与培训信息 农业教育与培训信息包括各种农业学历教育和短期技术培训的相关信息。

8. 农业人才信息 农业人才信息包括农业科研、教育、推广专家的技术专长，农村科技示范户、专业大户、种养能手、农民企业家的基本情况及工作状况等。

9. 农业推广管理信息 农业推广管理信息包括农业推广组织体系、队伍状况、项目经费、经营服务、推广方法运用和工作经验及成果等。

10. 农业自然灾害信息　农业自然灾害信息包括水涝旱灾、台风雹灾、低温冷害、病虫草害、畜禽疫病等方面的信息以及农业灾害信息预警系统建设和减灾、防灾信息。

（二）农业推广信息的来源

农业推广信息来源广泛，主要来源有七种。

1. 涉农政府机构　涉农政府机构主要提供国家的农村政令、科技计划、法律法规、管理条例等方面的数据与资料，信息具有权威性。比如，国家信息中心、农业农村部、中国农业科学院信息中心、各省级农业信息化服务平台、地（市）级农业信息中心、乡镇农技服务站等。

2. 农业科研机构　农业领域的科研成果、各种涉农的内部专业技术资料广泛分布在各级各类科研单位。比如，农业科研部门、高等农业院校、公共信息部门、其他部门或机构（农业企业、先进生产单位、地方社会团体和有关人士等）。这些是农业推广科技信息共享平台建设中的稳定渠道。

3. 与农业相关的高校和学术团体　这一信息来源除了拥有与农业科研机构类似的数据资料外，还具有更高学术价值，包含农业教育和文化等方面的信息。

4. 基层试验、示范与推广单位　各地方推广站、试验站、农业科技研究所等基层单位拥有的新技术、新成果等最具实用价值，也是基层广大农民和农业技术人员迫切需要的，可以通过政府职能机构下发文件或其他适当的方式来获取。

5. 图书馆　图书馆藏书丰富而且系统性强，拥有适合不同层次及不同专业领域用户的书籍以及电子信息。

6. 涉农出版单位　如出版社、报刊社等。涉农出版社出版的农业科技图书内容丰富，如农业科技专著、农业科普读物、农业教科书、农业工具书、农业实用技术类图书等。农业科技刊物能及时刊登最新的农业科技成果、农业新技术、新方法及新理论，是农业科技文献的主要类型。报刊社也拥有一定的农业标准以及农产品、农村市场等方面的实时信息。

7. 互联网信息　各级政府机构、农业推广部门、高等院校、科研院所、民间协会、企业或个人创办的各类农业推广信息网站，信息量大，种类繁多，更新速度快。互联网现已成为信息发布和检索的重要媒介和工具。

（三）农业推广信息的特征

由于农业生产周期长，受自然条件的影响大，生产过程复杂多变，具有地域性、季节性、周期性的特点，因而农业推广信息具有以下特点：

1. 实用性 农业推广信息为农业生产决策者提供有效实用的技术和知识，解决农户生产实践中的生产、销售和管理等问题，指导农户发展生产并带来增产增收。

2. 综合性 农业产业受到众多因素的影响。从农业产业的农工贸整个链条各个环节来分析，其发展受到诸如农学、气象、地理、环境、经济、管理等多个领域综合作用的影响。

3. 时效性 农业生产具有季节性和周期性的特点，农业推广信息应根据农业生产实际，为农户生产管理提供实时有效的信息和技术支撑，以便农户及时解决生产实践中的问题。

4. 区域性 农业生产与当地的气候条件、农业资源以及社会生产条件、区位特征、经济发展水平等因素有关，而不同的地域在资源条件、经济发展水平、科技水平、地形地貌等方面均存在很大差异，因而各地生产具有当地特色，需要与之相配套的农业信息。

5. 服务性 向农民提供准确的信息，是农业推广信息服务的重要内容。为行政部门提供信息、提供决策依据，也是农业技术推广工作的重要组成部分。

三、农业推广信息系统

农业推广信息系统是为了实现农业发展阶段的整体目标，以农业知识、农业自然资源数据、科技成果、市场需求信息为内核，利用数据库、模拟模型、人工智能、多媒体等技术，对农业推广信息进行系统的综合处理，辅助各级管理机构决策的计算机硬件、软件、通信设备及有关人员的统一体。

农业推广信息系统产生于 20 世纪 50 年代至 60 年代。这一阶段以处理单项事务为主。20 世纪 70 年代，农业推广信息系统已从单一的业务处理发展为功能比较完善、综合性较强的、面向终端联机处理的管理信息系统。20 世纪 80 年代后，随着数据库技术与计算机网络技术的进步，农业推广信息系统逐步走向成熟，开始进入决策支持系统发展阶段。同时，人工智能、大数据、物联网的发展，加快了现代信息技术在农业推广信息系统中的应用。

（一）农业推广信息系统的组成

农业推广信息系统主要由信息源、信息处理器、信息管理者和信息受体四部分组成。

1. 信息源 信息源是指信息的来源。信息必须以一定的载体形式存在和传播，在一定意义上，信息存在的载体形式即为信息源，如广播与电视、信息发布会等。信息源又可分为内信息源和外信息源。内信息源是指农业推广系统内部所产生的信息，如农业生产信息、养殖信息等。外信息源是指来自外部环境的信息，如国家政策等。

2. 信息处理器　信息处理器担负着信息的传输、加工、处理、转换和保存等任务，它由信息采集、信息加工转换、信息传输、信息存储等装置组成，其主要功能是获取信息，并对其进行加工转换，然后将信息提供给用户（信息接受者）。

3. 信息管理者　信息管理者负责管理农业推广信息系统的开发与运行工作，负责系统中各个组成部分的协调配合，使之成为一个有机的整体。在实际的信息系统中，尽管不同的组织形式和信息处理模式具有不尽相同的结构，但其概念结构是相同的。

4. 信息受体　信息受体也就是信息接受者和使用者，信息传播只有通过接受者的使用才能体现其价值。因此，信息传播的内容、方式等只有与用户的职业、水平、心理、目的等各项因素相匹配才有使用意义。

（二）农业推广信息系统的类型

根据农业推广信息系统所处理的具体业务不同，常用的农业推广信息系统有农业数据库和管理信息系统、农业情报检索系统、农业专家系统、农业决策支持系统以及基于物联网的农业信息系统等。

1. 农业数据库及管理信息系统　农业数据库是农业推广部门信息技术工作的基础。目前，国内农业、林业、水利、土地和环境等部门都在开展信息技术应用工作，各部门开展这项工作的第一步就是建立基础数据库。农业数据库是一种有组织的、动态的存储、管理、重复利用、分析预测一系列有密切联系的农业方面的数据集合（数据库）的计算机系统。其主要包括农业资源信息数据库、农业生产资源信息数据库、农业技术信息数据库、农产品市场信息数据库、农业政策法规数据库、农业机构数据库等。农业推广机构可统一建设农业信息综合基础数据库，由一个部门负责建设、管理，其他部门共享，既可节省大量资金，又可集中力量维护以保持其先进性。例如，建立全国基层农业技术推广体系管理信息系统，也是开展农业推广信息技术工作的关键。

农业管理信息系统是收集和加工农业系统管理过程中的有关信息，为管理决策过程提供帮助的一种信息处理系统，可根据管理目的而建立，在大容量数据库支持下进行与农业相关的事务处理、信息服务和辅助管理决策。例如，通过建立适合农业自身具体需要的计算机辅助决策支持系统，及时进行模拟决策，通过信息网络，及时了解市场信息、政策信息，按照市场需求选择生产和合理销售产品，可发挥自身优势，取得最佳的经济效益。农业管理信息系统还可用于保护生态环境和减少农业灾害损失。

2. 农业情报检索系统　农业情报检索系统是对与农业有关的情报资料进行搜集、整理、编辑、存储、检查和传输的系统。农业情报检索系统以农业数据库系统为基础，以大型计算机和远程网络为技术手段，满足本地区（或专业）特点和科研、生产的需要，搜集、整理国内外本地区（专业）情报文献资料，开展咨询服务，围绕本地区（或专业）重点攻关项目和发展战略问题，进行调查研究，为领导决策和计划管理提供信息和依据。目前，农业情报检索系统主要应用于图书馆、科技资料中心等信息存储量大、提供快捷信息服务的机构。例如，国际农业科技情报系统（AGRIS）、农业科技情报检索系统等。

3. 农业专家系统　专家系统是人工智能领域的重要分支，出现于 20 世纪 60 年代中期。农业专家系统是一个智能程序系统。这个系统拥有由大量权威农业专家的经验、资料、数据与成果构成的知识库，并能通过分析库存信息，模拟专家解决问题的思维方法进行判断、推理，从而得出农业生产问题解决方案。在农业生产管理中，专家系统可以广泛应用于大田作物的科学施肥、品种选择、病虫害预测防治、科学灌溉等生产管理；畜禽饲养和水产养殖中的疾病防治、各生长阶段的饲料配置管理；温室环境的控制管理；粮食的储存管理；农业生产的经济效益分析；农业机械的故障诊断与检修；农业生态环境监测控制等。例如，科学施肥专家系统可以模拟农学专家依据不同作物生长的养分需要、实际地块土壤的肥力情况、土壤养分吸收能力等因素，推理计算出各种作物不同生育时期所需的肥料配比、施用量，实现科学施肥。

4. 农业决策支持系统　决策支持系统的研究始于 20 世纪 70 年代初期，现已广泛应用于农业、工业、商业和贸易等方面。决策支持系统是在半结构化或非结构化决策活动过程中，通过人机对话，向决策者提供信息，协助决策者发现和分析问题，探索决策方案，评价、预测和选择方案，以提高决策有效性的一种以计算机为手段的信息系统。农业决策支持系统是以计算机技术为基础，支持和辅助农业生产者解决各种决策问题的知识信息系统。它是在农业信息管理系统、农业模拟模型和农业专家系统的基础上发展起来的，以多模型组合和多方案比较方式进行辅助决策的计算机系统。

近年来，农业生产管理的决策支持系统的开发和应用也获得了成功。特别是 20 世纪 90 年代以来，科学家已经提出了多种不同的农业生产决策支持系统。目前比较成功的农业生产决策支持系统可分为基于知识规则的决策支持系统（即专家系统）、基于知识模型的决策支持系统、基于生长模型的决策支持系统、基于生长模型和知识模型的决策支持系统等 4 种基本类型，以及基于这 4 种类型与其他关键技术结合的扩展型农业决策支持系统（如精确农业就是将遥感技术、地理信息系统、全球定位系统与优化决策技术等结合形成的扩展型决策支持系统)。该系统先根据农业信息制作种植状况的征候图,再运用地理信息系统(GIS)技术做出农作物诊断结果图,最后利用决策支持系统为农户制定拟采取措施的方案图,农户将依据方案图,运用地理信息系统和全球定位系统实施操作。

5. 基于物联网的农业信息系统　我国物联网进入农业领域始于 20 世纪 90 年代,目前在农业信息感知、农业信息传输、农业信息处理等方面取得了较多研究成果。农业物联网是指运用各类传感器,利用射频识别装置(RFID)、视觉采集终端等感知设备,广泛采集大田种植、设施园艺、畜禽养殖、水产养殖、农产品物流等领域的现场信息,通过建立数据传输和格式转换方法,充分利用无线传感器网络和互联网等多种现代信息传输通道,将获取的海量农业信息进行融合、处理,并通过智能化操作终端实现农业的自动化生产、最优化控制、智能化管理、系统化物流、电子化交易等。目前,物联网在农业资源利用、农业生态环境监控、农业生产精细管理、农产品安全溯源等方面的推广应用较为成熟。

>>> 第二节　农业推广信息的采集与处理 <<<

一、农业推广信息的采集

信息采集是指为了更好地掌握和应用信息,而对其进行的聚合和集中。信息采集是信息得以利用的第一步,也是关键的一步。信息采集工作的好坏,直接关系到整个信息管理工作的质量。

(一)信息采集的原则

1. 及时性原则　采集信息力求迅速,信息只有及时、迅速地提供给使用者才能有效地发挥作用。因为农业生产具有很强的季节性,农资购销、农产品流通信息常常是转瞬即逝,及时了解信息才能把握机会,及时解决农业产业领域的相关问题。

2. 真实性原则　采集的信息必须是真实对象或环境所产生的,必须保证信息来源是真实可靠的,采集的信息能反映真实的状况,避免误听误信,造成决策失误。真实性原则是信息采集工作的最基本的要求。因此,信息采集者必须对采集到的信息反复核实,不断检验,力求把误差减小到最低限度。

3. 需要性原则　采集信息要具有较强的目的性和针对性,紧紧围绕农业生产、经营管理需要去采集信息,节省采集信息的时间和消耗。

4. 广泛性原则　采集信息时尽量全面,不仅要采集农业生产信息、市场交易信息、市场供求关系信息，还要有重要农事活动的信息。只有广泛、全面地采集信息，才能完整地反映管理活动和决策对象发展的全貌，为决策的科学性提供保障。

（二）信息采集的步骤

1. 制订采集计划　包括确定信息服务对象和采集信息的内容等方面。只有制订出周密、切实可行的信息采集计划，才能指导整个信息采集工作正常地开展。

2. 设计采集提纲和表格　为了便于以后的加工、贮存和传递，在进行信息采集以前，就要按照信息采集的目的和要求设计出合理的采集提纲和表格。

3. 明确信息采集方法　根据采集计划，选择合适的采集方法，可以单独使用一种采集方法，也可以交叉使用不同方法或综合运用多种方法。

4. 采集工作实施　这是一项长期的、连续不断的工作。整个过程包括组织性工作和事务处理工作。

5. 提供信息采集成果　要以调查报告、资料摘编、数据图表等形式把获得的信息整理出来，并要将这些信息资料与采集计划进行对比分析，如不符合要求，还要进行补充采集。

6. 反馈用户信息　信息采集、积累不是目的，根本目的是提供给用户利用。用户反馈信息既可以检验采集工作的成效，又可以为今后的信息采集提供借鉴参考。

（三）信息采集的方法

1. 调查法　调查法是通过访问信息采集对象，与之直接交谈而获得有关信息的方法。调查法又分为座谈采访、会议采访、电话采访和信函采访等方式。

2. 观察法　观察法是通过开会、深入现场、参加生产和经营、实地采样等进行现场观察并准确记录（包括测绘、录音、录像、拍照、笔录等）调研情况。

3. 实验法　实验法是通过实验过程获取其他手段难以获得的信息或结论。实验者通过主动控制实验条件，包括对参与者类型、信息产生条件的恰当限定和对信息产生过程的合理设计，可以获得在真实状况下用调查法或观察法无法获得的某些重要的、能客观反映事物运动表征的有效信息，还可以在一定程度上直接观察研究某些变量之间的相互关系，有利于对事物本质的研究。

4. 文献检索　文献检索是指从浩繁的文献中检索出所需信息的过程。文献检索分为手工检索和计算机检索。手工检索主要是通过信息服务部门采集和建立的文献目录、索引、文摘、参考指南和文献综述等来查找有关的文献信息。计算机文献检索，是文献检索的计算机实现，其特点是检索速度快、信息量大，是当前采集文献信息的主要方法。

5. 网络信息采集　网络信息采集是指通过计算机网络发布、传递和存储的各种信息。采集网络信息的最终目标是给广大用户提供网络信息资源服务，整个过程分为网络信息搜索、整合、保存和服务四个步骤。

6. 农业智能设备采集　农业智能设备采集信息是指利用农业物联网技术、智能传感装置和无线传感器网络，自动获取作物生长、水畜产品养殖的环境信息和作物、水禽动物的生长信息，并通过机械化设备调整环境参数、控制生长环境。

7. 业务应用系统采集　业务应用系统采集信息是指利用各级农业部门建立的业务应用系统，获取农业综合统计、价格监测、农产品成本、农业植保、土壤肥料、农业机械化等各类涉农信息，为农业生产和领导决策提供数据支持。

二、农业推广信息的处理

（一）信息筛选与鉴别

1. 信息筛选　信息筛选应抓住重、切、新、评四个字。重，即查重，剔除不必要的重复。切，即切题，将切题的信息资料留下来，不切题的剔除。新，即新颖。逐一阅读信息资料，将时间近、观点新的留下，陈旧的舍去。评，即价值评估。对经过上述筛选后的信息资料进行价值分析与评估，价值高的存留，价值不大的放弃。

2. 信息鉴别　从各种渠道获得的信息，往往真假混杂，有用的与无用的交错，推广人员要具备对信息进行鉴别的能力。这里所说的鉴别，是指对信息本身的真假、信息内容可靠度以及适用性进行鉴别。信息鉴别的程序一般是先辨其真假，再分析其价值。信息鉴别方法有以下几种：

（1）感官判断法。感官判断法是指信息加工人员在浏览、审阅原始信息过程中，依靠自己的学识，凭直觉判断信息的真伪以及可信度大小的方法。

（2）分析比较法。分析比较法是指对同一内容的信息，根据采集渠道的不同、前后因果、同类比较等确定信息的真伪和可信度。

（3）集体讨论法。集体讨论法是指对一些模糊信息采取集体讨论的方法进行鉴别。通过广泛征求和发表意见，得出较为一致的结论。

（4）专家裁决法。专家裁决法是指针对某些领域的信息无法确定其真假时，咨询该领域的知名专家进行鉴别，由专家来决定其价值大小和真假。

（5）现场核实法。现场核实法是指对持怀疑态度的信息，派出专门人员进行现场确认和核实，查找原始资料和凭据，得出可靠结论。

（6）数学核算法。对信息采集中的计算错误、笔误、信息传递中失真等进行纠正。

（二）信息加工

信息加工是在原始信息的基础上，生产出价值含量高、方便用户利用的二次信息的活动过程。这一过程将使信息增值。只有在对信息进行适当处理的基础上，才能产生新的、用以指导决策的有效信息或知识。

1. 信息加工的内容

（1）信息的分类和排序。采集来的信息是一种初始的、零乱的和孤立的信息，只有把这些信息进行分类和排序，才能存储、检索、传递和使用。

（2）信息的分析和研究。对分类排序后的信息进行分析比较、研究计算，可以使信息更具有使用价值乃至形成新信息。

2. 信息加工的方法　针对不同的处理目标，支持信息加工的方法很多，概括起来可分为五大类：统计学习方法、机器学习方法、不确定性理论、可视化技术和数据库技术。统计学习方法包括相关分析、回归分析、主成分分析、聚类分析、时间序列分析和判别分析等；机器学习方法包括规则归纳、案例学习方法、遗传算法、免疫算法、蚁群算法、决策树方法；可视化技术；不确定性理论包括贝叶斯网络、模糊逻辑、粗糙集理论、证据理论、灰色理论、可拓理论；数据库/数据仓库技术，包括面向数据集方法、面向属性归纳、数据库统计、数据挖掘技术、数据仓库技术、联机分析技术等。

（三）信息存储

信息存储是信息系统的重要组成部分。通过信息存储，可以充分利用已采集、加工的信息，避免了信息重新搜集、加工带来的人、财、物的消耗。同时，信息存储保证了信息的随用随取，为单位信息的多功能利用创造了条件。

1. 信息存储的形态　按信息存储过程可分为：初始存储载体形态，如大脑、语言；中间存储载体形态，如电传；终止存储载体形态，如文字、书籍、报刊、计算机内外存储器。信息存储载体的形态还可以划分为：静态信息载体存储形态，如纸张、书籍、胶卷、磁带、磁盘等；动态信息载体存储形态，如声波、光波、电波等。

2. 信息存储技术

（1）文字纸张存储技术。用文字记录储存在纸张上的信息，这是传统的存储技术。尽管如今已实现办公自动化，但文字记录仍不可缺少。

（2）缩微存储技术。把大量信息进行高密度缩小微化处理，增加信息存储量。缩微技术一般有两种：照相缩微存储技术、全息缩微存储技术。

（3）声像存储技术。通过录音、录像手段记录存储信息。

（4）光盘存储技术。光盘是以光信息作为存储物的载体，用来存储数据的一种物品。分不可擦写光盘（如 CD-ROM、DVD-ROM 等）和可擦写光盘（如 CD-RW、DVD-RAM 等）。

（5）电子计算机存储技术。包括计算机内存、外存信息技术。

（6）云存储技术。云存储是一种网上在线存储的模式，即把数据存放在通常由第三方托管的多台虚拟服务器上，而并非专属的服务器上。网络云存储具有不占据实体空间、空间大、存取方便等多种优点，只需要一个账号即可拥有超大空间，如果有更高的存储要求，可以通过购买的方式增容，非常方便。

>>> 第三节　农业推广信息服务实践 <<<

一、农业推广信息服务的内容与作用

（一）农业推广信息服务的内容

随着时代变迁和用户需求的变化，农业推广信息服务的内容也不断变化。近年来，农业推广信息服务实践表明，农业推广信息服务的内容应包含以下三个方面。

1. 国家和各级政府制定的支农惠农政策　农业经营主体对于国家和各级政府制定的政策有强烈的了解需求，农业推广信息服务开展政策咨询服务既是宣传国家政策，使得国家政策落实落地的工作需要，又是良性互动的桥梁和纽带。通过宣传和推广服务，农业经营主体可以充分了解国家对农业农村的支持政策，充分利用现有资源提高收入或者提升农业产业水平。

2. 农业领域的先进科学技术成果　农业的发展需要科学技术的支持，农业产业的升级也需要科学技术的不断更新和应用。农业院校和科研单位每年都会取得多项农业科技成果，如何将这些成果更好地应用于农业生产实践，这是农业推广信息服务的重要内容，也是传统农业推广信息服务的核心业务。

3. 农村领域的各种信息服务　农村居民除了从事农业生产之外，还从事各种各样的社会活动，如电子商务、外出务工、自主创业等，这些都需要信息服务。农业推广信息服务不能局限于农业技术信息服务，应该更加广泛地面向农民、农村地区的需求，开展金融、电子商务、务工培训等多层次的信息服务，满足新时期农民的现实需求。

（二）农业推广信息服务的作用

1. 改变农民行为的工具　农民行为改变过程，就是信息的传递、利用和反馈过程。如此往复，使农民的思想不断解放，观念不断更新，技能不断提高，这就构成了农民行为改变的心理、认识和方法基础。

2. 农业生产经营决策的依据 就其本质而言，决策研究就是一个信息分析过程。没有充足的信息或缺乏可靠的信息，农业生产经营决策就失去了决策基础。

3. 发展农村商品经营的命脉 农业推广信息贯穿农村商品经营的各个环节。市场经济体制下，农民对商品生产信息的需求越来越迫切：产前需要消费变化、市场预测、生产资料供应等方面的信息；产中需要新技术、新工艺等信息；产后需要市场行情、农产品供求等信息。因此，农业推广信息成为农村商品经营的命脉。

4. 农业推广部门纵横联系的桥梁 农业推广部门和上下左右的联系，主要是通过信息的交流和沟通而实现的，通过农业推广信息服务，可以将我国农业科技、农业生产、农业管理、农业教育等部门有机联系起来，尤其是在农业产、供、销分离的情况下，加强信息的交流与沟通，有助于农业的综合发展。

二、农业推广信息服务方式与模式

在下面的阐述中，农业推广信息服务方式特指按照不同的分类标准而分成的不同形式的农业信息服务途径。农业推广信息服务模式是根据农业农村发展实际和区域特色，逐渐形成的具有典型性和代表性的农业推广信息服务整体做法的总结。

（一）农业推广信息服务方式

农业推广信息服务方式可以从信息拥有者、信息服务手段、信息服务内容三个方面进行划分。

1. 从信息拥有者来划分

（1）政府的行政服务方式。由于农业推广信息服务的公益性特点，此种方式在我国占据主体地位，主要是政府相关部门面向农民开展农业推广信息服务的过程。一般是由地方推广部门或者农业行政部门实施，重点服务内容是农业政策信息、农业科技信息等。

（2）科研院校的科技服务方式。高等院校和农业科研单位开展农业推广信息服务，是法律赋予的重要职责。长期以来，高等院校、农业科研单位发挥科技和人才优势，开展农业技术推广服务，为促进农业稳定发展、农民持续增收作出了重大贡献。至今，我国已有30所高校建成了新农村发展研究院，并在服务农业推广中不断地探索属于自身特色的推广道路。例如，中国农业大学的"科技小院"模式、西北农林科技大学"三站链合"模式、浙江大学的

"1＋1＋N"模式、东北农业大学的"一对一"模式、四川农业大学的"企业＋导师＋研究生＋项目"科技服务模式、"学校＋经纪人＋农户"的市场培育模式、安徽农业大学的"一站一盟一中心"产学研合作模式，等等。

（3）企业主导的服务方式。企业参与或主导的农业推广信息服务主要有以下三种实现途径：①政府补贴企业（如由政府资助的公共研究部门向私人部门优惠转让科技成果），由企业提供公共农业推广服务；②企业通过市场谈判与讨价还价等形式与农户达成农业推广服务供给的成本补偿协议后，向其提供公共农业推广服务；③企业通过产业链延伸等方式将小型农户吸纳进入一体化的农业企业内，达成包括生产技术指导、产品销售等内容在内的契约，从而使农业推广服务供给过程中的收益外溢内在化。

（4）农户自组织的协作服务方式。以农户自发组织为基础，组建农业推广专业协会，主要实行资金、技术、生产等互助合作。具体有三种实施方式：由乡土能人提供专业技术服务，由专业户领头的技术服务及农民自愿联合形成的组织提供的服务。

2. 从信息服务的手段来划分

（1）口头传述方式。口头传述方式有很多，常见的有小组讨论、示范、短期培训、实地观察、农户访问、办公室访问、电话咨询等。随着电信事业和网络技术的发展，在农业推广中使用手机短信、微信等信息工具进行沟通越来越普遍，方便了农业推广信息服务工作展开。

（2）书面服务方式。书面服务方式主要包括报纸、书刊和活页资料等，读者可以自主选择时间、地点进行阅读，这种媒介在传播理论观念及较详尽的知识和技术等方面效果较好。

（3）视听服务方式。利用广播电视、电影、视频、电话等传递信息，属于视听服务方式，它比单纯的印刷品等文字媒介传播信息更直观、更形象、更生动。互联网媒体是当下农业推广极为重要的沟通与传播渠道，它具有集合语言、文字、声音、图像于一体的特点，承载容量大，传播速度快，更新及时，而且可以实现信息传播者和接收者之间的互动。

3. 从信息服务内容来划分

（1）科技项目服务方式。这种方式主要是基于各级政府部门组织实施的项目或者课题，一般由农业科研人员或者推广人员实施，通过项目实施的过程，对各级政府出台的财政扶持政策进行宣传和推广，将最新的科学技术提供给农业生产者或者经营者的服务方式。因为此种方式有相应的经费支持，所以实施起来相对较为便利和顺畅。

（2）生产资料的试用服务方式。这种方式是农业企业经常采用的信息服务方式。一般是农业企业将自己的产品免费提供给农业生产者或经营者，然后给予一定的指导和服务，其根本目的是推广、营销自己的产品，从而提高收益。

（3）农产品包销方式。企事业单位与农产品生产单位签订合同，全部承揽生产出的农产品，负责销售。

（二）农业推广信息服务模式

农业推广信息服务是我国现代农业发展以及产业结构不断调整的主要内容，是农业科技应用的重要途径。农业推广信息服务模式是指农业推广信息服务人员（或信息提供者）将所采集、整理、加工的农业生产经营所需的政策、法规、技术、市场等方面的信息，通过某种途径（或手段）传递给农业生产者或农业企业等服务对象（或用户），以供其在实际生产中应用的一种组合方式。随着我国乡村振兴战略的不断推进，在相关部门的积极主导下，现阶段我国农业推广信息服务呈现出多种运行模式。

1. 政府农业信息网站与综合服务平台服务模式　这种信息服务模式基本上是由政府主导的，信息服务形式和服务对象广泛，服务手段比较先进，服务的权威性较强。农业管理部门和科技管理部门在这方面发挥了较大作用，早期是建立比较大型的权威农业信息网站，后来是创建综合信息服务平台。例如，针对安徽农村互联网普及率、农户上网率仍不高的现状，安徽农村综合经济信息网跳出网站服务"三农"，已实现互联网、广播网、电视网、电话网和无线网的"五网合一"，建立一个上联国家平台、下联基层、横联省级涉农单位，集部门网站、电子商务、广播电视、电话语音、手机短信、视频专家在线等多种媒体和手段等为一体，覆盖全省的互联互通的"农业农村综合信息服务平台"，形成了政府省心、农民开心的农业农村综合信息服务体系，成为千家万户农户对接千变万化大市场的重要平台与纽带。

码 6-1
12316"三农"
综合信息
服务平台

2. 专业协会会员服务模式　农村专业技术协会是以农村专业户为基础，以技术服务、信息交流以及农业生产资料供给、农产品销售为核心组织起来的技术经济服务组织。其以维护会员的经济利益为目的，在农户经营的基础上实行资金、技术、生产、供销等互助合作。它主要具有三种职能：①服务职能，其首要任务就是向会员提供各种服务，包括信息、咨询、法律方面的服务；②协调职能，既要协调协会内部，维护会员之间公平竞争的权利，又要协调协会外部，代表会员们的利益；③纽带职能，即成为沟通企业与政府之间双向联系的纽带。如农村中建立的各类专业技术协会、专业技术研究会、农民专业合作社等。

码 6-2
中国农村专业
技术协会

3. 龙头企业带动服务模式　这类模式通常是由涉农的龙头企业通过网站向其客户发布信息，或者利用电子商务平台进行网络营销等活动，为用户提供企业所生产的某类农资或农产品的技术和市场信息，有时也为用户统一组织购买生产资料；在企业技术人员的指导下，农户生产出的产品由公司统一销售，实行产供销一体化经营；企业和农户通过合同契约结成利益共同体，技术支撑与保障工作均由企业掌控。目前，该类模式有"公司＋农户"模式、"公司＋中介＋农户"模式、"公司＋合作组织＋农户"模式等。

4. 农业科技"专家大院"服务模式　农业科技"专家大院"服务模式是以提高先进实用技术的转化率，增加农民收入为目标，以形成市场化的经济实体为主要发展方向，以大学、科研院所为依托，以科技专家为主体，以农民为直接对象，通过互联网、大众媒体、电话或面对面的方式，广泛开展技术指导、技术示范、技术推广、人才培训、技术咨询等服务。农业科技"专家大院"服务方式促进了农科研、试验、示范与培训、推广的有机结合，加快了科技成果的迅速转化，促进了农产品的联合开发，提高了广大农民和基层农技推广人员的科技素质。目前，该类服务模式也在不断创新，即具体化、多元化、市场化，主要表现在服务对象更加明确，服务内容也更加具体，更多的高校、科研院所积极参与，运作形式也越发多样，各类管理都趋向市场化的企业管理模式。

5. 农民"科技之家"服务模式　农民"科技之家"是一种集农业技术信息服务、农业物资经营于一体的窗口式开放型的服务场所。该模式主要见于专业合作经济组织（或协会），能够适应农村经济规模化、区域性和市场化发展的要求，充分发挥组织（或协会）的桥梁纽带作用，有利于形成利益联动的长效机制，具有投入少、见效快、运行成本低、免费为农民提供信息服务等特点。通过农民"科技之家"的建设和运行，基层政府也可从以前的催种催收等繁杂的事务管理中解脱出来，变为向农民提供信息、引导生产、帮助销售，及时宣传惠农政策，了解村情民意，化解矛盾纠纷，转变基层政府为农服务的方式。比较典型的如浙江省兰溪市的"农民之家信息服务平台"。

三、提高农业推广信息服务质量的途径

（一）提升农业推广信息服务供给侧能力

1. 加强农业推广信息服务体系建设　农业推广信息服务的实施需要健全的体系来支撑。农业推广信息服务体系包括政府、企事业单位、社会团体、组织和个人等多个要素，体系建设需要统筹协调各方面的资源，整体提升服务体系的完整性和实效性。

2. 强化信息资源建设　信息资源是农业推广信息服务的根本和核心。农业推广信息服务需要强大的信息资源作为支撑和基础。信息资源建设需要构建统一的信息标准体系、信息数据库体系和信息资源管理体系。

3. 创新农业推广信息服务技术　农业推广信息服务需要借助最新的信息技术发展成果，充分依托现有的技术条件，开展丰富多彩的农业推广信息服务。例如，近年来手机等新媒体的广泛应用为农业推广信息服务提供了更为广阔的发展空间。

4. 加强农业推广信息人员培训　农业推广信息服务人员是农业推广信息服务的具体实施者和组织者，其素质高低直接决定了农业推广服务的质量和效果。结合国家实施的基层农业技术推广人员培训工程，大力实施农业推广信息人员的全员培训，锤炼农业推广信息人员服务技能，提高服务水平。

（二）着力提高农业推广信息服务需求侧水平

1. 正确认识农民群体的变化　随着经济社会的发展，农村社会结构也发生了巨大的变化，农民群体的异质性逐渐增强，熟人社会逐步转变为半熟人社会。农民群体的职业、收入、知识水平等均存较大的差异。因此，针对服务对象的变化，需要重点关注，认真分析真实需求和个性化需求，开展具有实效性的农业推广信息服务。

2. 积极开展农民培训　农业推广信息服务的工作成效取决于农民的接受程度和效果。通过开展全面系统的农民培训，提高农民的信息意识，丰富农民的信息知识，提升农民的信息获取能力，为农业推广信息服务奠定良好的群众基础。

🔍 本章小结

➤农业推广信息是指与农村发展、农业技术推广等方面具有直接或间接相关的各种信息，其种类主要有农村政策、农村市场、农业资源、农业生产、农业经济管理、农业科技、农业教育与培训、农业人才、农业推广管理和农业自然灾害等。

➤农业推广信息系统是为了实现组织的整体目标，以农业知识、农业自然资源数据、科技成果、市场需求信息为内核，利用数据库、模拟模型、人工智能、多媒体等技术，对农业推广信息进行系统的综合处理，辅助各级管理机构决策的计算机硬件、软件、通信设备及有关人员的统一体。农业推广信息系统主要由信息源、信息处理器、信息管理者和信息受体四部分组成。常用的农业推广信息系统有农业数据库及管理信息系统、农业情报检索系统、农业专家系统、农业决策支持系统、基于物联网的农业信息系统等。

➤农业推广信息采集原则包括及时性原则、真实性原则、需要性原则、广泛性原则；采集方法主要有调查法、观察法、实验方法、文献检索、网络信息、智能农业设备和业务应用系统七类；信息的处理主要包括筛选与鉴别、信息加工和信息存储三个方面。

➤农业推广信息服务模式主要包括政府农业信息网站与综合服务平台服务模式、专业协会会员服务模式、龙头企业带动服务模式、农业科技"专家大院"服务模式、农民"科技之家"服务模式。

即测即评

复习思考题

一、名词解释题

1. 农业推广信息
2. 农业推广信息系统
3. 农业推广信息服务
4. 农业管理信息系统
5. 决策支持系统

二、填空题

1. 农业推广信息具有（   ）、综合性、（   ）、区域性和服务性五大特点。

2. 信息的处理主要包括（   ）、（   ）和信息存储三个方面。

3. 农业推广信息系统主要由（   ）、信息处理器、信息管理者和（   ）四部分组成。

4. 农业信息采集原则包括（   ）原则、真实性原则、（   ）原则和广泛性原则。

三、简答题

1. 简述信息的形态和基本特征。
2. 农业推广信息的种类和来源分别有哪些？
3. 农业推广信息的特征有哪些？
4. 简述信息的鉴别方法和存储技术。
5. 简述农业推广信息服务的内容和作用。

第 七 章

农业推广组织与管理

☑ **导言**

农业推广组织是农业推广活动开展的载体，为农业新成果、新信息、新知识向农民传播提供有效的渠道和组织保证。我国逐步构建起以国家农业技术推广机构为主导，农村合作经济组织为基础，农业科研、教育等单位和涉农企业广泛参与、分工协作、服务到位、充满活力的多元化基层农业技术推广体系。那么，什么是农业推广组织，当前我国农业推广组织有哪些类型，各自的特征是什么，如何对其进行有效的管理？本章将为你介绍这些内容。

☑ **学习目标**

完成这一章内容的学习后，你将可以：

➢ 理解农业推广组织的概念；

➢ 了解国家各级农业推广机构的设置与职责以及政府农业推广组织的新变化；

➢ 识别多元农业推广组织的类型和特征；

➢ 理解农业推广组织的内部管理方式；

➢ 了解多元化农业推广组织之间的协调管理。

>>> 第一节 农业推广组织概述 <<<

一、农业推广组织的概念与职能

（一）农业推广组织的概念

在现代社会生活中，组织是人们按照一定的目的、任务和形式编制起来的社会集团，是社会的基本单元。农业推广组织是为实现特定的农业推广目标，执行特定的农业推广职能，根据一定的规章、程序开展活动的人群共同体，是农业推广从无序到有序发展的一种状态和过程，是一定的农业推广人员所采取的某种社会活动的方式，是农业推广体系的职能机构，为农业新成果、新信息、新知识向农民中传播提供有效的渠道和组织保证。目前我国的农业推广组织的类型多样，按照是否营利，可以分为公益性推广组织和非公益性推广组织；按照推广的主体不同，可以分为政府主导的公益性农业推广组织、以农业科研、教育部门为主体的农业推广组织、以农民专业合作组织为主体的农业推广组织、以涉农企业为主体的农业推广组织；按照开展推广工作的职能专一性，可分为由国家各级推广机构构成的专业性农业推广组织，由高校、科研院所、涉农企业等构成的其他多元推广主体。

农业推广组织是农业推广活动开展的有机载体，主要围绕服务"三农"的中心目标，参与政府的计划、决策、农民培训及试验、示范的执行等任务。建立与现代农业发展相适应的农业推广组织，是科技成果顺利进入生产领域进而转化为生产力的有效途径。当今世界各国都十分重视农业推广组织的建设。

（二）农业推广组织的职能

农业推广组织是构成推广体系的一种职能机构。它具有以下职能：

1. 确定推广目标 结合当地政府和农民的需要，为各级推广人员和推广对象确定清楚、明确、具有可行性的推广工作目标。

2. 保持推广工作的连续性 推广组织要根据本地区推广工作长期性的特点，在安排推广任务时，在使用推广方法上，在推广人员、推广设备、推广财政支援方面，都突出地保证推广工作的连续性。

3. 保持推广工作的权变性 权变，简言之就是随着具体情境而变化或依据具体情况而定，在推广实践中要根据所处的环境和内部条件的发展变化随机应变。要求组织成员必须经常保持高度的主动性，发现并利用机会灵活地处理各种复杂局面，建立、培养和发展同各界的联系，以利于发挥推广组织所特有的权变性。

4. 进行信息交换 农业推广工作面临的环境是复杂多变的，既包括植物、动物领域的问题，又包括生产、市场环节的问题，需要建立有利于信息交换的系统，发展与外界的横向与纵向联系，多角度、多层次共享信息，解决农业推广系统复杂的问题。

5. 配合、协作 在农业推广工作中，要注重互相配合与协作，因为推广人员和推广对象的水平差异大，适宜面有限，只有通力配合与协作才能达到综合效益最大化。农业推广组织的一个重要职能就是要保证农业推广工作中各种要素进行配合与协作。

6. 控制 推广组织需要经常检查与目标工作有关的实际成果，这就要求组织必须具有对组织成员、工作条件和工作内容的调控能力。如在组织成员的选择上，要从学历、技术水平、管理能力、推广技巧及相关专业知识等方面规定各组织推广人员应具备的条件。

7. 激励与监督　推广组织必须具备促进组织内部成员积极工作的动力，要善于运用激励与监督的方式方法调动人员的积极性，促进推广工作的高效开展。例如：规范的奖惩制度，明确的推广目标，工作进展的公开评估，个人晋升、获奖及进一步培训的机会等。

8. 评估　这是检验推广工作成效的重要环节，也是农业推广组织的重要职能，要对推广机构的组成、成员工作成绩的大小、推广措施的实施、计划制订的完成程序等进行考核和检验。

二、我国政府农业推广组织体系

(一) 政府各级推广机构

政府农业推广组织包括种植业、林业、畜牧业、渔业、农机等方面的技术推广机构。具体的组织体系以种植业为例予以说明。

1. 中央级农业技术推广机构　农业农村部下设综合性的农业技术推广机构——全国农业技术推广服务中心，负责全国性技术项目的推广与管理，是农业农村部直属公益一类事业单位。该机构主要负责全国农作物栽培、科学施肥、旱作节水农业、有害生物防治、农药安全使用等重大技术、新型产品以及优良品种的引进、试验、示范与推广；组织全国农作物有害生物发生动态和农田墒情与旱情监测预报；承担全国农业植物检疫管理、主要农作物品种区域试验、非主要农作物品种登记工作；承担全国农作物种子、肥料质量监督检验工作；承担种植业有关重大项目实施、信息发布与行业标准制（修）订工作；承担全国农作物种子标准化技术委员会秘书处等 7 部门的办公室工作；组织实施种植业技术推广国际合作与交流项目；指导全国种植业技术推广体系改革建设和职业技能鉴定工作；指导挂靠社团组织业务工作。

2. 省（自治区、直辖市）级农业技术推广机构　省（自治区、直辖市）级农业技术推广机构包括农业技术推广总站、种子管理总站、植保总站、土壤肥料总站等。这些机构业务上受中央级农业技术推广机构的指导，面向全省，直接指导市（地区、盟、州）级推广机构的工作。

3. 市（地区、盟、州）级农业技术推广机构　它上承省级机构，下管县级机构，在组织机构的设置上多与省级推广机构对口设立。因此，在职能和任务上也与省级推广机构相近。

4. 县（区、旗）级农业技术推广机构　该级推广机构是整个农业技术推广体系最重要的层次，具体组织开展农业技术推广工作。具体机构包括农业技术推广站、种子管理站、植保站、土壤肥料站等，蔬菜或经济作物面积较大的县，还设有蔬菜技术站或经济作物技术站。为了适应农业区域的特点，近年来国家在部分县投资建设了一批农业技术推广区域站或专业站，作为县级农业技术推广机构的派出机构开展农业技术推广服务工作。区域站人员由县级农业技术推广机构下派或从本县的乡镇农业技术人员中抽调而来。区域站的建立有利于增强一线的技术力量，从而更好地落实农业技术推广工作。

5. 乡（镇）级农业技术推广机构 它是最基层的国家农业技术推广机构，实行植保、土壤肥料、种子等多专业综合建站，是具体实施农业技术推广的组织。乡镇国家农业技术推广机构，可以实行县级人民政府农业技术推广部门管理为主或者乡镇人民政府管理为主、县级人民政府农业技术推广部门业务指导的体制，具体由省（自治区、直辖市）人民政府确定。

各级国家农业技术推广机构属于公共服务机构，履行公益性职责主要有：各级人民政府确定的关键农业技术的引进、试验、示范；植物病虫害、动物疫病及农业灾害的监测、预报和预防；农产品生产过程中的检验、检测、监测、咨询、技术服务；农业资源、森林资源、农业生态安全和农业投入品使用的监测服务；水资源管理、防汛抗旱和农田水利建设技术服务；农业公共信息和农业技术宣传教育、培训服务；法律、法规规定的其他职责。

（二）我国政府农业推广组织的新变化

1. 由行政性发展为公益性 2013年1月1日实施的《中华人民共和国农业技术推广法》，确立了国家农业技术推广机构的公益性定位，重点承担公益性农业技术推广服务。强调公益性是由农业的基础性、弱质性和公共性决定的，农业技术推广的许多领域是市场无法调节的。例如：动植物疫病监测、预防和防控，农产品质量安全检验、检测和监测服务，农业面源污染防治，水土保持和森林资源保护等领域，涉及面广、投入量大，社会效益大而经济效益小，难以通过市场调节实现技术资源的有效配置，在这些市场失灵的地方需要政府履行好公益性职责，发挥主导作用。同时，根据2011年国务院发布的《关于分类推进事业单位改革的指导意见》，我国农业推广机构根据职责任务、服务对象和资源配置方式等情况，进行公益一类、二类的划分与认定。截至2020年底，全国大部分地区构建了职责分工更加清晰的公益性推广服务体系，突出抓好农民干不了、企业不愿干的事情。

2. 因地制宜设立区域性推广机构 过去，基层的国家农业技术推广机构是按乡镇设立的，近些年一些地方进行了按照区域设立农业技术推广机构的探索，根据科学合理、集中力量的原则以及县域农业特色、森林资源、水系和水利设施分布等情况，因地制宜设置县、乡镇或者区域国家农业技术推广机构。当前很多地区推进基层农业技术推广体系改革与建设，创建了跨乡镇设立区域站的推广机构建设模式，把不同行业的农业技术推广机构集中在一处，服务场所更集中，服务功能更齐备，更能发挥各部门的合力作用。

3. 推广服务范围由产中延伸到产前、产中和产后全方位综合指导 市场经济条件下的农业推广服务包括产前决策服务、产中技术指导、产后加工销售指导等。产前决策服务主要是搞好良种、专用肥、地膜等农用物资的预定、调运、供应以及抓好农业科技培训。产中技术指导是抓好生产环节的技术指导服务，对各项技术措施的落实情况进行检查指导，解决农民技术、物资、信息方面的需求。产后加工销售指导主要是指导农户搞好农产品储藏、加工、为农户提供及时准确的农产品加工、销售信息，引导农产品走入市场，提高农业附加值和农业生产的比较效益。就产中技术指导这一环节而言，内容也随着市场的变化而日益丰富。不同的动植物品种、不同的栽培条件（如设施与露地栽培）、不同的上市季节、不同的消费人群、不同的保健功能、不同的加工品质等，都要求推广不同的农业生产技术，这给生产技术带来了无限的发展空间。

码 7-1
乡镇或区域性
农业技术推广
机构改革与
建设

4. 农业技术推广内容发展到多业并举、集成推广 农业技术推广内容由种植业推广发展到林业、畜牧业、渔业等科研成果和实用技术多种类推广，包括：良种繁育、栽培、肥料施用和养殖技术；植物病虫害、动物疫病和其他有害生物防治技术；农产品收获、加工、包装、贮藏、运输技术；农业投入品安全使用、农产品质量安全技术；农田水利、农村供排水、土壤改良与水土保持技术；农业机械化、农用航空、农业气象和农业信息技术；农业防灾减灾、农业资源与农业生态安全及农村能源开发利用技术。同时，随着国家在农业推广工作中投入力度不断加大，农业科学技术的发展和农业生产设施的逐步完善，很多农业推广项目成为集多种资源、多项技术甚至多个学科为一体的综合、集成、配套技术。例如，科学技术部组织的国家农业科技成果转化基金项目、农业农村部组织的全国粮食高产创建活动等，都是需要多单位合作，进行技术的集成、组装、配套，以提高综合效果，实现经济效益、社会效益、生态效益相结合。

≫≫ 第二节 我国现行多元农业推广 ≪≪ 组织类型与特征

面对农民多层次、多领域的科技服务需求，农业技术推广已由政府主导的单一方式向多元化发展。《中华人民共和国农业技术推广法》明确了多元化推广服务组织的法律地位，农业技术推广实行国家农业技术推广机构与农业科研单位、有关学校、农民专业合作社、涉农企业、群众性科技组织、农民技术人员等相结合的推广体系。随着改革的深入，一个以政府公益性农业技术推广机构为主导，农村合作经济组织为基础，农业科研、教育等单位和涉农企业广泛参与的多元化农业技术推广体系逐渐构建起来。

一、政府主导的公益性农业推广组织

如上一节所述，我国现已形成中央、省、市、县、乡（镇）五级专业性的从事公益性服务的农业推广机构，通过试验、示范、培训、指导以及咨询服务等，把种植业、林业、畜牧业、渔业等的科研成果和实用技术普及于农业产前、产中和产后。农业推广计划制订工作侧重于自上而下的方式，农业推广工作方式偏向于技术创新的单向传递，农业推广人员兼有行政和教育工作角色，执行以综合效益为主的推广目标。

政府主导的公益性农业推广组织在现代农业发展的背景下，转变政府推广机构的职能，重点解决"服务什么、怎么服务好"的问题，为专业大户、家庭农场和农民合作社等新型农业生产经营主体，提供全方位、低成本、高效率、便利的服务。

在我国的五级农技推广体系中，县及县以下属于基层农技推广体系，这是整个农技推广体系的基础，直接面向农民，为农民提供种植业、畜牧业、渔业、林业、农业机械、水利等科研成果和实用技术服务的组织，是实施科教兴农战略的重要载体。在新的形势下，各地基层农技推广组织纷纷通过服务手段的创新和组织管理的创新发挥推广人员潜力，提高农业技术推广的水平。例如，服务手段的创新有：综合运用现代网络、智能电视和电话等现代化服务手段，加强远程服务能力；开通智能咨询和人工咨询电话相结合的农业科技咨询热线，方便群众全天候查询；建立上联省、市专家的农业技术面对面视频系统，实现专家远程技术会诊，拉近专家与农民的距离；建立不同专业类别的微信交流群，及时推送科技、病虫害防治等信息，在群内答疑解惑，提高服务时效性，搭建农民与农业技术人员交流的平台，解决与专家见面难的问题；建设"村村通"大喇叭工程，每天定时播报生产、生活等信息，对农民进行再教育。在进行组织管理改革过程中，有些地方建立了包含计划（P）、执行（D）、检查（C）、行动（A）阶段的 PDCA 工作循环管理制度，所有工作都要按照计划、执行、检查、总结改进四个环节的工作模式实施。每循环一周就要解决一部分需求问题，并为下一步循环提出新的要求，进而实现农技推广服务质量的螺旋式上升。

二、以农业科研、教育部门为主体的推广组织

以科研、教育部门为主体的农业推广组织，是指在政府指导和支持下，以大专院校、科研院所为服务主体，以市场为引导，与各类农业推广机构、涉农企业开展合作，进行新技术、新成果示范和推广的农业科技推广服务组织。其中，以大专院校为主体的农业推广组织，集教学、科研、推广三重角色于一体；以科研院所为主体的农业推广组织，核心职责在于从事农业技术的研究和开发，同时也承担着农业技术推广、农业教育和人才培养等重要角色。

多年来，各农业院校在科技推广方面进行了积极的探索和实践，并通过科技推广积极参与农业社会化服务，如安徽农业大学的"大别山道路"、西北农林科技大学的"专家大院"、南京农业大学的"科技大篷车"、河北农业大学的"太行山道路"以及中国农业大学的"科技小院"等。总结起来，以农业教育、科研部门为主体的农业推广组织的特征主要表现为：①以科教机构内部农业研究成果为基础，农业推广人员就是农业教育人员或科研人员。农民和科教部门的专家建立了直接联系，实现了专家和农民的融合、专家和问题对接、农业和农村的实际与科教机构的直接挂钩。②多以科教机构（主要是大学的实习、教学、试验推广基地以及科研院所的试验基地）、当地农业机构以及涉农企业构成组织网络。③核心人员是科教机构的专家、地方合作推广人员、大学的学生（包括研究生）以及参与的企业人员。④运行方式主要是：科教机构＋项目（基地）＋农户、科教机构＋新型经营主体＋农户、科教机构＋企业＋农户等。⑤以政府资助、项目资金以及企业资金作为资金保障。

以教育、科研部门为主体的农业推广组织实现了理论与实践的紧密结合，农村为他们提供了试验基地，同时他们把农民需要的农业技术与管理理念传给了农民，实现相互支持的合作模式。

三、以农民专业合作组织为主体的推广组织

这种类型的推广组织是以会员合作方式形成的组织机构，具有明显的自愿性和专业性。它的推广内容是依据组织业务发展和组织成员的生产与生活需要而定，其推广对象是参与合作团体的成员及其家庭人员。这类推广组织的工作目标是提高合作团体的经济收入和生活福利，因此，其技术特征以操作性技术为主，同时进行一些经营管理方式和市场信息的传递。

这类组织的农业推广工作资源是自我支持和管理的。部分农业合作组织可能接受政府或其他社会经济组织的经费补助，但维持农业推广工作活动的主要

资源条件仍然依赖合作组织。其日常活动要接受国家有关法律法规的约束和调整。

如今，这类推广组织在我国各地区正在蓬勃兴起，也是政府大力扶持的对象。如河南荥阳市新田地种植专业合作社、河北省河间市国欣农村技术服务总会、吉林省梨树县卢伟农机农民专业合作社、陕西省眉县猴娃桥果业专业合作社、新疆昌吉市新峰奶牛养殖专业合作社等，在农业技术推广工作中正发挥越来越大的作用。这类推广组织以农民为主体，以农民技术人员或优秀经营人才为骨干，自发组织、主动寻求、积极采用新技术、新品种，谋求高收益的经营组织。由于其不断引进、开发新技术和快速而有效扩散技术的运行机制，适应众多农户的需求，加快了利用现代技术改造传统农业的进程，使农民收入水平大幅提高。

码 7-2
新疆昌吉市
新峰奶牛养殖
专业合作社

截至 2021 年 11 月底，全国依法登记的农民专业合作社达到 221.9 万家，并呈现出 4 个发展趋势：①覆盖领域不断拓展。②服务区域不断扩大，已从以本乡、本村为主向跨乡（镇）、跨县域、跨省域拓展。③合作层次不断提升。从生产领域合作，向品牌、流通、加工等经营领域合作拓展，有相当一批合作社实行了农资供应、质量标准、生产技术、品牌包装、市场营销、基地认证"六统一"服务。④合作机制不断规范。一改发展初期运作无序、分配随意的不规范现象，组织结构和股本结构不断优化、表决方式的民主性和公开性、分配方式的效率与公平的统一性得到了充分的体现。这些农民专业合作社在乡村振兴全面推进的过程中发挥着越来越重要的作用。

四、以涉农企业为主体的农业推广组织

涉农企业，特别是农业产业化龙头企业，开展推广工作是我国改革开放以来探索并实践出的一条符合实际的推广途径，已成为多元化推广体系的重要组成部分，作用日益显著。涉农企业农业推广，是指企业在政府部门的正确指导下，以市场为导向，以开拓市场和获取生产原料为直接目的，以服务"三农"为间接目的，自身或联合各类科技推广机构、农业科研院校等部门共同开展新技术、新成果示范和推广工作，并通过技术指导、教育培训和咨询等形式为农户提供推广服务。涉农企业接近农民，具有推广技术适用性强、资金充裕、市场信息灵通的优势。

涉农企业在产业化运行过程中，为了开拓农村生产资料销售市场或者为了获得高质量标准的生产原料，往往通过各种利益联结方式与农户建立合作关系，直接或间接地开展农业推广服务活动。这不仅带动了大批农户采用新技术、新知识、新信息，帮助他们提高生产水平，增加收入，企业也通过推广活

动获得了满足自身发展需要的生产原料或销售市场，提升了市场竞争力，获得更多的经营利润。涉农企业参与农技推广活动能实现企业与农户的双赢，取得很好的经济效益和社会效益。

该类组织是以企业自身效益为主，有时农民利益受制于企业效益。推广内容是由企业决定的，常限于单项经济商品生产技术。农业推广中大都采用配套技术推广方式，为农民提供各类生产资料或资金，使农民能够较快地改进其生产经营条件，从而显著地提高生产效益。组织的工作活动主要以产品营销方式体现，其技术特征以实物性技术为主，也兼含一些操作性技术。

农业企业技术推广具有双重意义：首先，对其自身具有重大意义。农业产业化龙头企业要想开拓市场或获取高质量标准的生产原料，必须和农户打交道，如种子企业要想把新产品推向市场，并想长期占领市场，得到农户的支持和信赖，就必须让农户看到效益和实惠。然而，我国多数农民的素质相对不高、思想观念相对落后，仍然沿袭着传统的粗放式经营管理方式，可能造成品质优良的种子由于配套种植技术跟不上，达不到增产增收的效果，所以只有通过示范、指导、培训等服务方式帮助农户开展科学栽培管理，让其从经营中获得比使用其他同类产品更高的效益，才能使农户最终信赖企业，并长期使用该企业的产品。企业才能长期立足于市场，获得更多的利润，实现企业经营的目标。其次，对农户同样具有很重要的意义。农业产业化龙头企业将新技术、新成果示范推广到农户，农户利用新技术开展经营，并在使用过程中能够得到企业的全面指导和帮助，从而提高了自身科学经营管理的水平，促进农产品产量增加、产品质量上升，并通过企业"连线"，有效缓解农户小生产与大市场之间的矛盾，降低自身的市场经营风险，最终获得稳定的收益，实现科学致富的发展目标。所以说，不断改进和完善以企业为主体的推广服务体系建设，对企业自身和农户双方来讲都具有非常重要的意义，有利于实现企业与农户的双赢，有利于农业现代化建设的顺利推进。

≫≫≫ 第三节 多元化农业推广组织的管理 ≪≪≪

一、农业推广组织管理的基本含义

组织管理是指通过设立组织结构，规定职务或职位，明确责权关系，制定规章制度等以实现组织目标的过程。农业推广组织管理是对农业推广管理中设立组织结构、合理配备人员、制定各项规章制度等工作的总称。具体而言，就是为了有效地配置农业推广组织内部的有限资源，实现组织的特定目标而按照一定的规则和程序构成的一种责权结构安排和人事安排。

可见，农业推广组织管理的目的在于有效地协调农业推广组织内的各种资源和信息，提高组织的工作效率，以期顺利地实现组织目标。组织管理应该使组织成员明确组织需要做哪些工作，谁去做什么，承担什么责任、具有什么权力、与组织结构中上下左右的关系如何。作为一种有意识、有计划的自觉活动，农业推广组织管理是一个动态的协调过程，既要协调组织内部人与人的关系，又要协调组织内部人与物的关系，还应包括多种组织之间的沟通与协调。

当前我国已经形成多元化农业推广组织发展格局，各类农业推广组织依据自身发展目标与特征，发挥所长，共同服务于现代农业建设，但由于各类组织发展定位不明、内部结构不够合理、组织之间互动与配合不够，尚未很好地发挥协同效应，严重影响整个农业推广组织体系的运行效率。因此，需要加强对多元化农业推广组织的管理，主要包括各类推广组织自身的内部管理与各类推广组织之间的协同管理。

二、农业推广组织管理的原则

对农业推广组织进行有效的管理，可以保证推广项目与推广计划的正常运行，促进组织内部和外部的沟通，排除正常运转中的障碍要素，为农业推广工作的系统化、规范化与持续发展提供保障。在实践中，要发挥农业推广组织管理的应有作用，就应当遵循一些基本原则。

1. 目标管理的原则　目标管理就是让组织内各个部门能相互协商，形成统一的观点，根据统一的观点来制定组织的总目标，并以此来分配责任与任务，根据目标的完成情况来评估组织内每个人的贡献。农业推广组织的管理者要调动各个部门的管理层及所有员工为实现目标共同努力，这其中最有效的方法是将农业推广目标分解落实到每位员工的身上，使组织目标与个人目标相一致，并紧密关联，使每位推广人员在为团队完成任务之时其个人目标也得以实现。

2. 弹性原则　组织的存在与完善，既要有基本构成（包括组织文化、组织结构、运行管理等），又能因变而变，以变应变。农业推广的目标是随着内外环境变化而发展的，因此组织必须考虑到可能的环境因素的变化，针对变化从组织形式、管理方式等方面做出相应的调整。根据不同的推广对象与各种环境因素建立适宜的推广组织，分类型划分管理模式。

3. 权责对应原则　权责对应主要靠科学的组织设计，要深入研究管理体制和组织结构，建立起一套完整的岗位职务和相应的组织法规体系。在组织运行过程中，要解决好授权问题，布置任务时，应当把责任、权力以及组织能提供的条件一并说清，防止责权分离而破坏系统的效能。

4. 激励管理原则　组织管理的目的是通过对人力资源的优化组合，产生优势互补、协同共进的整体效应，通过调动推广人员的积极性和创造性，使工作人员能够自觉、高效工作。因此，农业推广组织应有健全的人员评估上岗制度、公开化的奖罚制度，激励或约束推广人员的工作行为。

5. 信息系统管理原则　组织要适应环境的变化，必须有良好的信息沟通渠道，及时、准确地感知环境变化，因此，组织应建立在敏感的感受系统、及时的双向沟通、快速的信息发布与反馈功能基础上。

三、农业推广组织内部管理

1. 选择合理的组织管理手段　基本的管理手段主要有：行政手段、经济手段、法律手段、思想工作手段等。行政手段是指依靠行政组织的权威，运用命令、指示等强制性方式，对下属施加直接影响的管理手段，具有快速、灵活、有效的特点。行政手段的运用，有利于在组织内部统一目标、统一意志、统一行动，获得系统整体的功能，实现对全局活动的有效控制。经济手段是一种通过调节各方面利益关系，如通过工资、奖金、罚款、福利等手段，刺激组织行为动力的管理手段。经济手段的运用，有利于处理物质利益关系，调动各方面积极性、主动性和创造性。法律手段是一种运用法律规范和具有法律规范性质的各种行为规则进行管理的方法，具有强制性、规范性、概括性、稳定性和可预测性。法律手段的运用，有利于稳定管理秩序、规范管理活动，并使之制度化。思想工作手段是一种旨在提高人的素质的管理方法，具有目的性、科学性、启发性、艺术性、长期性。迄今为止，还没有研究出哪一种组织机构的管理手段是最好的，因为管理手段的选择取决于推广机构和工作人员的目标以及机构的运转状况。所以管理农业推广组织首先就遇到了这样一个需要选择的问题，其答案只能是大家根据当地的具体问题具体分析，探索性地去寻找一种适合自己所要管理的那种推广组织手段，或是根据组织管理的具体内容综合运用多种管理手段。存在就有一定的合理性，但合理的管理手段未必就事先存在，因而需要探索。

2. 挑选领导　确定管理组织机构内的成员是组织发展的关键。推广人员之间的合作非常重要，它要求机构负责人以了解人际关系作为领导前提，协调好和安排好不同能力与性格的成员间的合作关系。领导人的管理，就是选择胜任的推广者充当这一角色，这是管理的关键与成功的前提。因此选择一个胜任的领导者，是管理好农业推广组织的重要内容之一。

3. 管理好信息通道　农业推广组织是通过交往来帮助农民的，组织机构本身需要高效率的内部交往。推广组织机构要帮助农民形成观念和做出决策，因此推广组织机构内的人员应该了解观念形成和决策制定的过程，特别是农民在这些过程中的问题。通过推广人员，特别是频繁接触农民的基层推广人员，组织的管理者就可以得到绝大部分所反馈的信息。因此信息通道的建立和管理是组织职能起作用的重要环节，没有充足的信息，组织就会僵死，无法开展有效的工作。建立信息通道，应是双向的通道。大部分信息来源于科研机构和部分农民或是机构的决策者，从上至下的信息主要来自科研专家和领导部门或经营者，经过专业人员译成推广语言，再由推广人员传递给农民。从下至上或来自于横向传播交换的信息则没有固定的渠道和方式，通过各种途径都可能到达决策机构。同时，也往往因为没有固定的通道，来自生产一线的信息又很少能被正式地利用起来，所以管理好信息通道是农业推广组织管理必须做好的工作。

4. 进行常规管理　常规管理的内容包括对农业推广组织系统分层、分级、分系统的管理。管理组织内的人、财、物，制定发展战略、规划、计划，实行以岗位责任制为主的目标管理，根据项目要求安排好项目实施，并对项目进行监督、检查、评估。

农业推广组织管理的内容还有许多方面，如岗位确立、农业推广人员的资格与职责、监督管理等内容，这里就不一一探讨。以上四项管理方面的内容基本上已表明这项工作的困难程度与重要程度。"建立组织不容易，管理组织更难"，这足可以概括农业推广组织管理的辛劳程度。

四、农业推广组织之间的协调管理

不同类型的农业推广工作由不同的推广组织承担。基础性、农业普遍受益的技术服务，由国家农业技术推广部门承担；特殊性技术服务需求，通过市场配置技术资源，引入竞争机制，由经营性服务组织来补充。因此，为了更好地开展农业推广工作，服务于"三农"发展的需要，必须加强对各推广主体和利益相关群体的协调与管理，使之协同发展，发挥整体效应。

1. 正确处理政府组织和非政府组织之间的关系　这需要有关政府部门转变职能，避免政府对各类推广组织尤其是非政府组织过多的行政干预，由直接指令、控制转变为协调、监督和服务，提供必要的信息，建立资源共享平台，制定游戏规则等，从而调动各类推广组织的积极性、主动性和创造性。各类推广服务组织应当在明确分工与履行职责的基础上，实现共同目标与共同利益驱动下的互动，只有这样才能相互促进。

2. 充分发挥自助型农业推广组织在整个农业推广体系中的纽带作用　政府可以借助农民专业合作社等自助型农业推广组织的平台，探索农民培训的有效方式与途径，提高农民的综合素质、组织与决策能力、社会参与意识等，发挥"公司＋合作社＋农户"模式的作用，在企业和农户之间形成有效的制约机制，减少信息不对称带来的利益损失。政府可以在一定程度上通过委托农民组织提供公共服务的方式来向其提供支持，但要认识到过度依赖政府支持不利于农民组织的独立发展，而且这样做也存在一定的风险，需要农民组织有良好的内部治理结构和管理制度。

3. 突出企业型农业推广组织在配置资源中的重要地位 要在强化企业社会责任的基础上，加强和改进以企业型农业推广组织为主体的产学研合作以及企业和农户的合作，通过企业自主创新平台的建设，提高合作技术创新与推广的效率和效益。近年来，我国有些农业企业已经开始重视自主创新平台的建设，设立独立的研发中心，加强与社会研究机构的合作，建立合作实验室，承担国家及地方的科研课题，并有计划地投入部分经费开展自主研究课题。我国农业企业应当建立一套能够有效进行决策指挥、控制和信息反馈的组织与制度，形成既能够调动创新所需的各种资源，又可以协调创新过程中各个环节有机运行的组织系统。

4. 进一步完善科研、教育和推广服务相结合的机制 科研、教育、推广相结合在我国也已经实施了较长时间。然而，迄今为止，这种结合的方式和效果令人满意的并不多见。未来既需要教学、科研单位在绩效考评、福利等方面进行制度创新，也需要地方富有成效的合作以及宏观环境的改善。与此同时，还需要建立科技成果、信息与利益共享机制，确保各方开展合作。

5. 以推广服务模式创新促进组织间的互动与推广体系建设 近年来，我国各地创新农业推广服务方式与方法，涌现出了农业科技"110"、农业科技直通车、农村科技特派员、农业科技"专家大院"、农村科技服务超市等多种新型服务模式，积累了一些成功的经验，在促进多元化推广服务组织协调与互动方面探索了一系列新的机制。今后，应当在总结、完善和推广各种服务模式的基础上，进一步加强农业、科技、教育、财政等政府部门之间以及它们和非政府组织之间的协作，打造信息、人才、设备等资源的公共服务平台，促进各项资源在不同地区、不同部门、不同行业和不同单位之间的流动与共享。

🔍 本章小结

➤ 农业推广组织是由一定要素组成的，有特定的结构，隶属关系明确，为达到农业推广的某种目的而形成的机构，它是农业推广体系的职能机构，为农业新成果、新信息、新知识向农民中传播提供有效的渠道和组织保证。农业推广组织职能：确定推广目标，保持推广工作的连续性、权变性，进行信息交换，配合、协作，控制，激励与监督，评估。

➤ 我国现行多元农业推广组织类型有：政府主导的公益性农业推广组织和以农业科研、教育部门、农民专业合作组织、涉农企业等为主体的农业推广组织。政府农业推广组织新的变化主要包括：强化公益职能；设立区域性推广机构；产前、产中和产后全方位指导；多项技术的集成配套。

➢ 农业推广组织管理的原则有：目标管理原则、弹性原则、权责对应原则、激励管理原则、组织信息系统管理原则。农业推广组织自身管理的重要方面有：选择合理的组织管理手段、挑选领导、管理好信息通道、进行常规管理。农业推广组织之间的互动与协调包括：正确处理政府组织和非政府组织之间的关系；充分发挥自助型农业推广组织在整个农业推广体系中的纽带作用；突出企业型农业推广组织在配置资源中的重要地位；进步完善科研、教育和推广服务相结合的机制；以推广服务模式创新促进组织间的互动与推广体系建设。

即测即评

**复习思考题**

一、名词解释题

1. 农业推广组织

2. 农业推广组织管理

3. 涉农企业农业推广

二、填空题

1. 实践中我国现行多元化农业推广组织主要有(　　)、(　　)、(　　)、(　　)等类型。

2. PDCA 循环指(　　)、(　　)、(　　)和(　　)，可以用来指导农业推广组织开展工作。

3. 农业推广组织的职能主要有：确定推广目标、(　　)、(　　)、(　　)、(　　)、(　　)、(　　)、(　　)等。

4. 以大学为主体的农业推广组织，集(　　)、(　　)、(　　)三重角色于一体。

三、简答题

1. 简述以农民合作社为主体的农业推广组织的主要特征。

2. 农业推广组织管理的原则有哪些？

3. 简述农业推广组织内部管理的主要方面。

4. 我国多元农业推广组织之间如何协调管理？

农业推广人员与管理

☑ 导言

农业推广工作是由农业推广人员开展的，农业推广人员就职于不同类型的农业推广组织。各级组织要根据不同的组织工作目标，设立不同的岗位，选择和任用相应的农业推广人员，不同类型的农业推广人员具有不同的职责，必须具备一些基本的素质才能胜任相应的推广工作。为了发挥农业推广人员的积极性和创造性，激励他们高效率地开展农业推广工作，需要运用科学的管理方法与手段，加强农业推广人员的管理与人力资源的开发。

☑ 学习目标

完成本章内容的学习后，你将可以：

➤ 了解各类农业推广人员的职责分工；

➤ 明确农业推广人员的素质要求；

➤ 掌握农业推广人员管理的主要内容与方法；

➤ 熟悉农业推广人员培训的基本内容与步骤。

>>> 第一节　农业推广人员的类型与职责 <<<

根据所从事工作的性质差异，通常将农业推广人员划分为农业推广行政管理人员、农业推广督导人员、农业推广技术专家和农业推广指导员四种类型。各类农业推广人员承担着相应的工作职责。

一、农业推广行政管理人员

农业推广行政管理人员是指在农业推广机构中负责运作农业推广业务的行政工作主要管理者。其工作职责在于计划、组织、领导和管理该组织的推广活动，具体包括制定推广、人事管理、工资管理、设备管理、财务管理、制订和协调工作计划、执行计划和评价计划以及监督等。各级推广机构的行政管理人员虽然因行政等级和组织目标的差异而负责不同的工作内容，但是一般而言，农业推广行政管理人员大都具有下列工作职责：

1. 制定推广政策　各级农业推广机构的行政管理人员要把握所辖范围内的农业推广工作方向，拟定相应的工作方针与政策，制定工作目标、工作计划与策略。例如，就我国农业农村部的全国农业技术推广服务中心而言，其行政管理人员应当在国家的宪法和法律及其国家相关农业政策的指导下拟定全国的农业推广工作方针，制定相应的推广工作政策，作为全国农业推广工作的共同规范，供其他各级农业推广机构制定农业推广政策和计划时参考。同样，其他各级农业推广机构的行政管理人员则是在上级农业推广政策的指导下，拟定该组织机构的工作目标、工作计划与策略。

2. 管理推广人员　农业推广行政管理人员负责对辖区的人事管理，包括该机构的人力资源计划、人员的招聘与解聘、人员的甄选与定向、员工的培训、绩效评估、职业发展、劳资关系等。推广机构人力资源开发与管理直接关系到推广组织的工作效率。作为农业推广组织内部的负责行政事务的行政管理人员应当注重对人才的管理与开发，创建一个具有高昂斗志的高效率的工作团队是最主要的一项工作。随着国家人事制度改革的不断深入，我国农业推广人力资源开发与管理将实现规范化操作，人员选用从以往的行政安排和分配转变到目前的全员聘用，将会为提高我国农业推广组织的工作效率起到极大的推动作用。

3. 编制经费预算　经费预算的编制是直接影响农业推广部门推广工作效果的主要因素。一个推广组织要开展推广工作，在拥有人才的条件下，活动经费就成为最重要的影响因素。农业推广行政管理人员不但要多方筹措资金，争取获得充足的活动经费，同时还要注意组织内部经费的合理使用。

4. 协调各部门的工作活动　推广工作的实施需要各类机构的合作，但各机构常依据其组织目标来开展部门推广工作活动，造成相关机构之间的冲突和不协调，从而影响到整体农业推广计划的实施效果。推广行政管理人员应当有计划地协调好各部门之间的关系，将冲突降到最低程度，同时要及时发现和解决在实际工作过程中出现的各种冲突，协调好各部门的工作，促进推广计划的顺利完成。目前，在我国的农业推广组织中，农业推广行政管理人员不但要协调部门内部出现的冲突，同时还要协调与相关部门之间的关系，使推广工作获得一个较为有利的工作环境。

5. 评价工作成果　推广行政主管需要对推广计划或推广政策的效果不断地进行评估，对下属各部门的推广工作做出评价，并向上级主管部门及各类相关的社会机构或大众报告工作成绩，以使各相关机构和大众了解、关注和支持农业推广事业。

　　除了上述五项一般性的职责之外，不同推广机构的行政管理人员还可能因工作性质及其他方面的需要而执行一些其他的任务，如维持工作秩序，对设施设备进行管理、调整工作计划、鼓舞工作人员士气、确立新的工作方向、扩大对外联系等。

二、农业推广督导人员

　　农业推广督导人员是指在农业推广机构内部监督和指导农业推广指导员对农业推广计划进行实施的推广人员。由于其工作主要就是对推广指导员实施管理，因此人们也把该类推广人员与农业推广行政管理人员一起称为农业推广行政管理人员。具体而言，农业推广督导人员的工作职责包括：

　　1. 营造良好的工作氛围　农业推广工作的最后落实要依靠推广指导员来完成，推广指导员则需要在行政管理人员所制定的工作方针和策略的指导下完成，因此督导员需要将行政管理人员所制订的推广计划传达给推广指导员，同时将推广指导员的一些要求和想法反馈给行政管理人员。除此之外，推广督导人员还要帮助推广指导员与技术专家建立良好关系，使技术专家更好地指导推广指导员并能了解到技术推广过程中的一些实际情况。

　　2. 支持拟订工作计划　推广督导员要为推广指导员提供各种技术性或政策性资料，以提高推广指导员推广计划的编制效果，帮助推广指导员拟订工作计划，争取推广经费和编制经费预算。

　　3. 提高基层人员工作能力　推广指导员身处基层，长期与农民接触，对科学技术的新进展和推广方法的有效运用都需要不断地提高，以适应工作的要求。推广督导员可以对其进行培训，以提高其工作能力。同时，推广督导员还要帮助推广指导员提高沟通协调能力，以促进区域内推广资源的交流与运用，使推广人员获得更多的机会，以便更好地实现推广计划。

　　4. 激励基层推广人员　推广督导员不仅要对推广指导员的业务予以监督和指导，还要不断地激励推广指导员，帮助其树立信心，以鼓舞其士气，创建好的团队精神，提高推广指导员的工作热情和工作绩效。

　　5. 考评基层推广人员　推广督导员要对推广指导员的定期或不定期的工作报告进行评阅，对其工作业绩进行评估，形成对推广指导员的考核意见，并向上级机构提交督导报告。

　　因此，农业推广督导人员的工作主要包括：①处理公文和工作报告；②到基层机构访谈；③协调相关工作；④参加推广工作会议。

三、农业推广技术专家

农业推广技术专家是在农业推广组织内专门负责搜集、消化和加工特定科技信息并提供特定技术指导的推广人员。其中，信息既包括通过推广指导员扩散后推广对象应用的专业技术，也包括各种新的农业推广手段和方法。由此可见，农业推广技术专家的工作不但要与农业推广系统外的科技成果的创新源保持联系，而且要将搜集到的信息传播给其他推广人员。其工作职责主要包括：

1. 支撑基层组织技术推广　农业推广技术专家最重要的工作就是与农业创新源保持联系，并不断地获取各类信息，将这些信息应用到农业推广组织内部，为整个系统的运作提供技术支撑。因此，技术专家就需要不断地跟踪相关科学技术的研究进展，从最新的科技成果中选择能应用到自身农业推广组织内的科技成果，并消化这些科技成果，扩散到整个推广系统中，用创新推动整个推广系统的优化。

2. 加工科技推广信息　农业推广技术专家获取各种信息后，对其中的农业科技信息进行加工并形成各类宣传材料，作为培训其他农业推广人员和推广指导员培训推广对象的学习材料，宣传材料包括推广教材、技术传单、简讯等。

3. 培训基层推广人员　农业推广技术专家获得的各类信息要尽快地传播给推广系统内的其他推广人员，以便在系统内达成共识，并尽快地做出决策，所以对推广指导员的培训显得尤为重要。只有将信息传递给推广指导员后，这些信息才会进一步传递给推广对象，并最终应用到农业生产和推广对象的生活中。

4. 提供技术分析报告　农业推广技术专家要对整个系统内正在推广和待推广应用的科技成果进行分析，并形成专业的技术分析报告。这些报告将作为农业推广组织拟定推广工作方针和政策的依据之一，并最终体现在农业推广计划中。

5. 组织推广学习和讨论　农业推广技术专家的一个重要职责是举办各类推广技术和问题的研讨会，提高组织内推广人员对技术和问题的判断和解决能力。

四、农业推广指导员

农业推广指导员也就是基层的农业推广人员，是直接开展各项农业推广活动，指导农民参与农业推广工作的专业推广人员。推广指导员是农业推广人员中人数最多的一类推广人员，也是我们传统意义上所指的推广人员。其职责几乎就是农业推广的工作职责，具体而言包括以下几个方面：

1. 组织农民并提供技术服务　农村社会组织的积极参与是提高农业推广工作效率的重要保障。要积极地协助农民建立农村社会组织，从农民中选择义务指导员,并帮助他们获得推广技能,使农业推广内容在农民中实现快速有效的扩散。因地制宜地开展农业科技示范、培训、指导和咨询等,把农业科技成果和实用技术运用到当地的农业生产中,帮助农民解决农业生产中的困难和问题。

2. 协助制订农业政策与计划 农业推广工作是农业健康发展的重要因素,因此基层的农业推广指导员要积极地参与到当地政府的农业政策和计划的制订过程中,为政府的农业政策和计划的制订提供参考。

3. 拟订推广计划 农业推广指导员要在充分了解当地社会经济条件的基础上,整合当地各种资源,在上级推广机构的指导下拟订推广工作计划。

4. 政策宣传及反馈 农业推广指导员在基层政府和农民中充当联络者的角色。他们要将政府关于"三农"的有关政策向推广对象做宣传和解释,同时还要将推广对象的相关情况向政府相关部门报告,使推广对象和政府之间形成良好的信息沟通。

5. 寻求推广资源 作为基层农业推广人员的推广指导员需要不断地向上级机构或其他社会组织争取经济、技术等支援,充分利用各种有效资源,推动当地农业推广工作的顺利开展。

6. 评估总结 推广指导员应定期地、系统地评估当地的推广工作,准确反映当地的技术水平和工作成果,形成书面报告。书面报告将会成为推广计划制订的依据,也会成为评估推广指导员自身工作业绩的依据。

为了提高农业推广工作的效率,也将农业推广工作按行政层级划分为不同的工作岗位,各个岗位配备相应的农业推广人员。按照行政层级划分,我国农业推广人员主要包括:国家级农业推广人员、省地(市)级农业推广人员、县级农业推广人员、乡(镇)农业推广人员。按照我国专业技术职称划分,农业推广人员根据有关规定被授予相应的技术职称后,根据技术职称评定的结果,也可把农业推广人员划分为高级、中级、初级专业技术人员。各类农业推广人员所承担的相应的工作是对整个农业推广工作的具体分解,各个工作岗位相互联系,形成一个有机整体,各类推广人员均承担着相应的工作职责。

≫≫ 第二节 农业推广人员的素质 ≪≪

农业推广工作是一项与人沟通的社会性工作,其任务是改变推广对象的行为,促进农业生产的发展和农村社会的进步。随着农村商品经济的发展,推广对象要求解决的问题远远超出了传统农业的范畴,农业推广人员需要具备一定的素质方能胜任农业推广工作。

素质是在人的先天生理基础上，经过后天的教育和社会环境的影响，由知识的内化形成的相对稳定的心理品质。素质是可以培养和提高的；素质是知识内化和升华的结果，单纯具备知识不等于具备素质，知识只是素质提高的前提和基础；素质是一种相对稳定的心理品质，是知识积淀、内化的结果，具有理性的特征，同时又是潜在的，是通过外在形态来体现的。素质相对持久地影响着人对待外界和自身的态度，因此，有人把素质概括为人对自然、社会、他人以及对自身的态度。农业推广人员的素质主要指能够影响农业推广活动的个人条件和行为特征，农业推广人员素质的高低，影响着对农业推广的效果。农业推广人员的素质涉及心理素质、职业道德素质、业务素质和身体素质等方面。

一、心理素质

心理素质涉及诸多方面，对于农业推广人员而言，以下几方面尤为重要。

1. 个性特质　美国学者理查德·博亚特兹的"素质洋葱模型"认为，人的胜任力就像层层包裹的洋葱，位于中心的是动机，依次向外层层展开的顺序是个性特质、价值观、自我形象、社会角色、态度、知识和技能。其中，个性特质是个体"生理心理系统"的"动力组织"，驱动着一个人的心理、生理活动，影响着个体的意识观念和行事方式，关系着个体的生活方式和成长路径，在整个社会风尚和理想信念的浸染下，形成了一个人的价值观，指导着人们的各种选择、判断和取舍，决定着个体的行为和生活方式。个性特质属于鉴别性素质，难于被观察、测量和习得。作为一名合格的农业推广人员，具备了基本的专业知识，可以完成一般的日常性工作，而要发展成为优秀的农业推广人员，就需要个人特质的构建。

2. 智力　智力是指人认识、理解客观事物并运用知识、经验等解决问题的能力，包括记忆、观察、想象、思考、判断等，是进行认知活动所必需的心理条件的总和。在农业推广工作中，主要涉及一个人的敏感力、表达与沟通能力、社会认知力、决策力与创新能力等方面的内容。

（1）敏感力。农业推广人员的敏感力是指其对农业推广工作有关信息的捕捉能力、对这些信息进行联想和逻辑推理的能力以及对信息做出反应的能力。推广人员应能及时捕获农业生产、农村社会生活、生态环境可持续发展等与农业推广相关的各种信息，对信息进行联想和逻辑推理，从中得到启发；能及时对获得的信息可能造成的结果做出反应和决策，为进一步采取行动做准备。在具体工作中，推广人员需要对国家政策、农产品有关的市场信息、新技术的应用、农民的心理状况和农村发展等予以关注，及时捕获相关信息，进行联想和预测，并做出反应和决策。只有敏感力强的推广人员才能在农业推广过程中争取主动并把握时机。

（2）表达与沟通能力。表达与沟通能力是农业推广人员最核心、最基础的素质。表达能力反映了农业推广人员能否将自己或组织的意图准确无误地传递给推广对象的能力，其注重的是表达主体在语言的组织、修饰和表达等方面的能力。作为农业推广人员，不仅要充分表达自己的观点，传播相关信息，还要善于应对各种局面和不同层次的推广对象，同时具有良好的语言理解、组织修饰以及应对能力。沟通能力反映的是推广人员能否与推广对象进行良好的双向交流和沟通的能力。因此，作为以传播信息为主的农业推广人员，需要掌握沟通的技巧，具备较强的文字和语言组织和表达能力。

（3）社会认知力。社会认知力反映的是人对社会空间内发生的人际社会现象的认识和把握能力。作为从事农业推广这一社会性工作的农业推广人员，就是要在社会发展历程中基于现有的社会发展基础促进社会的进步与发展。这一点从客观上要求推广人员与时俱进，正确认识和理解社会人际现象。

（4）决策力。决策力是人们为了实现特定的目标，分析现有信息，拟订各种备选实施方案，并从若干个方案中做出正确选择的能力。在实际工作中，农业推广人员经常会遇到决策的情境。高质量的、正确的决策，可以使推广人员获得成功，同时使推广对象受益。

（5）创新能力。创新能力是在技术和各种实践活动领域不断提供具有经济价值、社会价值、生态价值的新思想、新理论、新方法和新发明的能力，也称为创新力。创新能力的发挥受客观因素、主观因素和社会因素的影响。农业推广人员如果对所从事工作产生了研究创新的浓厚兴趣，就会产生强烈的求知欲，将工作局面由被动转变为主动，充分调动工作的积极性和主动性，在工作中不断地学习和探索，提升创新能力，不断创造出新知识、新产品，孕育出新观念、新思想，创造性地分析问题、解决问题。

3. 动机 动机是一种由需要所推动的，达到一定目标的行为动力，它起着激发、调节、维持和停止行为的作用。它是一种内在心理现象，是决定行为的内在驱动力。与农业推广人员绩效密切相关的动机主要有职业动机、成就动机及亲和动机等。

（1）职业动机。职业动机是直接引起、推动并维持人的职业活动以实现一定职业目标的心理过程，是农业推广人员从事农业推广工作的内驱力。如果推广人员从事农业推广工作是基于对该工作具有浓厚的兴趣或强烈的社会责任感等，工作就会积极主动，富有成效，否则将会被动而绩效不佳。

（2）成就动机。成就动机是指人们发挥能力，追求卓越，争取成功的内在需求；是一种克服障碍、完成艰巨任务、达到较高目标的需要；是对成功的渴望，它意味着人们希望从事有意义的活动并取得圆满结果。推广人员需要有一种强烈的成就动机才能在推广工作中努力工作、百折不挠。

（3）亲和动机。亲和动机是指一种愿意与别人保持友好和亲密的内驱力，表现为对于建立、维系、发展或恢复与他人或群体的积极情感关系的愿望。推广工作是一种社会性工作，工作过程就是与人相处的过程，具有良好的亲和动机的推广人员才能具有良好的社会关系，从而提高其推广工作绩效。

4. 情感　情感是指人们在认识世界的过程中所表现出来的比较稳定的、能持续发展的态度和倾向，是喜、怒、哀、乐等的心理表现。情感是认识的催化剂，能影响并激发、推动人的认识活动，丰富人的认识内容。情感加深就是情商（情绪智力）的提高，是情感心理的反应程度。情商是指信心、急躁、乐观、恐惧、直觉等情绪的反应程度。研究表明，情商在许多领域得到普遍重视，成为反映人的素质的一个重要内容。高情商有助于自我激励，始终保持高度热忱、乐观的驱动力，能认识自身的情绪并妥善管理，能认知他人的情绪，能在复杂的群体中与人和谐相处。对于农业推广人员而言，应当控制好自己的情绪，通过管理自己的情绪，使自己的智力活动效率得到保障，同时可以稳定和改善沟通的氛围，推广人员应该善于引导推广对象的情绪，使推广对象在推广活动中保持较高的紧张度，兴奋而理智。

二、职业道德素质

1. 爱国守法　农业推广是深入农村，与推广对象沟通交流，为推广对象服务的社会性事业，它要求农业推广人员具有高尚的爱国主义情怀并不断增强法律意识。农业推广人员在农业推广工作中，应该严格遵守国家法律法规，自觉地学法、懂法、用法、守法和护法，指导推广对象依照法律规范行使权利、履行义务。

2. 爱岗敬业　农业推广人员要热爱农业推广事业，具有强烈的事业心和高度的责任感，以严谨的态度对待农业推广职业，对工作认真负责、积极主动、尽心尽力、忠于职守，为实现职业目标而努力奋斗。在工作中要意志坚定、勤奋学习，不断更新知识，拓宽知识面，掌握新技术、新成果，在实践中有所发现，有所创新，有所作为。

3. 诚实守信　要实事求是地为推广对象服务，讲信用，守诺言，客观如实反映推广对象的需要与问题，不弄虚作假、隐瞒真相，在处理各种事务时要公道正派、客观公正，对不同推广对象一视同仁、秉公办事，不因地位高低、家庭贫富、关系亲疏的差别而区别对待。要尊重科学、坚持真理，在项目制定和推广方面要按规律办事，不可"长官意志"、也不可人云亦云。要坚持因地制宜、尊重实际，不唯书，不唯上，只唯实。

4. 无私奉献 农业推广人员应具有强烈的责任心和使命感，深入农村，了解推广对象生产与生活中的需要，分析推广对象面临的问题，积极寻求解决方案。要尊重推广对象，热情和蔼，虚心听取推广对象意见，端正服务态度，改进服务方法，提高服务质量。农业推广服务的主体对象虽是农民，但随着社会的发展，越来越多的非农民群体成为农业推广的对象，通过高效的农业推广可以增进全民的社会福利。作为农业推广人员，应自觉履行全心全意服务所有推广对象的义务，努力为社会、为他人谋取福祉。

5. 终身学习 农业推广人员应该有向在当地长期生产实践中积累了丰富生产经验、对当地自然和人文环境有着深刻感性认识的农民学习的能力。农业推广人员也应该注重自学，自学是基层农业推广人员继续教育中最具灵活性的学习方式，农业推广人员要结合自身岗位需要客观评估自身的知识、技能不足之处，确定合理的学习内容和计划，培养和开发自我学习能力，利用发达的现代网络技术多层次、多渠道、持之以恒地学习新知识、新技术，并能终身学习。

三、业务素质

农业推广人员的业务素质是指从事推广的人在开展推广活动的过程中所体现的综合能力，主要包括知识素质和技能素质，以及与之相关的经历与经验。

1. 农业推广人员的知识素质 农业推广人员的知识素质反映的是推广人员从事推广工作所必须掌握的基本知识，包括专业基础知识、农业推广知识和其他相关知识。

（1）专业基础知识。推广人员至少要在某一专业领域受过良好的训练，掌握相关基础知识。例如，要掌握适合当地农村的种植业、养殖业、贮藏加工业等方面的基础知识，并能随着相关科技的动态发展而不断更新知识体系。就具体学科而言，与农村生产生活密切相关的主要是作物栽培、遗传育种、植物保护、植物营养与施肥、畜禽养殖、疫病防治、农业机械、农产品加工与贮藏、食品营养与健康、农村家政、农村经济管理等方面的知识。

（2）农业推广知识。掌握基本技术，拥有一技之长，但不懂得如何推广，这是农业推广人员面临的重要困境与挑战，也是农业推广实践中很多问题的根源。农业推广人员需要了解农业推广的基本概念与原理，懂得通过沟通并根据农业推广对象的行为特征分析其需要与问题，能结合当前国家、市场和推广对象的需要推广相应的项目与技术，会运用适当的推广方式、方法与技能，改变推广对象的行为，促进农业创新的采用与扩散，开展教育与咨询服务。同时要熟悉农业科技成果推广、新型经营服务、信息服务等领域的基本业务，懂得农业推广工作的组织与管理，协调好推广服务系统与目标团体系统的关系，运用好推广资源，熟悉推广项目的计划、实施与评估，不断加强与农业推广外部宏观环境的互动。

（3）其他相关知识。农业推广学是以行为科学为核心，以从农业推广实践中总结出来的经验法则、农业推广理论研究成果以及相关学科的理论与概念为主要知识来源，涉及管理学、经济学、社会学、传播学、教育学和心理学等学科的交叉学科，其与相关学科的关系极为密切。农业推广人员应熟悉农村社会学知识、农业经营管理知识、语言组织与应用知识等，才能有效组织开展培训工作，在推广培训的过程中才能有效地将组织意图传达到推广对象中，并能结合市场、政府以及推广对象的需求，因地制宜地选择推广项目并有序组织推广工作的实施。称职的农业推广人员应当熟练掌握农业推广学相关学科的知识，最大限度地运用相关知识与推广资源，充分调动农业推广对象的积极性，实现推广效益的最大化。

2. 农业推广人员的技能素质　农业推广人员必须掌握过硬的技能素质，才能在农业推广活动中占据主导地位，有效引导推广对象行为发生改变，切实提高农业科技成果转化率。

（1）沟通技能。沟通技能是推广人员在推广工作中最为核心也最为基础的技能，它是所有推广活动的基础。良好的沟通有利于提高工作效率，实现共同目标，推广人员必须应用沟通的原理与技能同推广对象进行有效的沟通。

（2）组织管理技能。农业推广人员应能智于决策、善于用人、巧于组织，充分调动人的积极性，敏于市场变化，及时获取信息，结合当地实际，通过农业推广活动将各种资源进行有机整合并提高资源利用率，促进农村生产发展。

（3）培训技能。培训是农业推广过程中的一种重要手段，是观念、知识、技术和信息的传输过程。农业推广培训面临内容涉及广泛、培训对象层次差异大、培训时间难统一等复杂问题，农业推广人员应熟练掌握培训技能，因人施教，有针对性地组织开展培训，并能将理论与实践有机结合，采用形式多样的方式对培训对象进行培训，以达到预期效果。

（4）调查与分析技能。通过对推广对象和当地农村的调查，了解推广对象存在的问题与需求，做出准确的分析判断，并能结合当地资源优势开发市场、应用新技术，发现并解决试验示范推广过程中出现的问题。农业推广人员只有具备了对问题的调查和分析能力，才能使推广工作更具有针对性，从根本上提高推广效率。

（5）项目计划的制订与评估技能。现代农业推广越来越多地以项目的方式开展。事实上，项目推广也是农业推广工作中最为有效的一种方式。推广人员要熟知项目的立项、组织执行、过程监测与评估的整个过程，才能更好地为当地争取推广资源，完成推广工作。

（6）其他技能。在新型农业经营主体快速成长的今天，农业信息的准确获取、传播与应用、市场分析预测及营销、科技推广项目的洽谈及合同的签订等也是农业推广人员的必备技能。

3. 相关的经历与经验　要成长为称职的农业推广人员，除了要有较好的知识素质和业务素质以外，还要有相应的经历与经验。农业推广人员只有熟悉农村生产、生活与生态，了解农业、农民与农村，在农业推广工作中不断积累经验，才能胜任推广工作。

（1）相关工作经历。农业推广人员丰富的推广经历，可有效提升自身的可信度与说服力，大大增强推广对象对创新的理解与接受能力，增强推广效果。

（2）"三农"工作经验。合格的农业推广人员应当熟悉农村生产、生活与生态，了解农业、农民与农村，在工作中不断积累工作经验。

四、身体素质

由于农业推广工作的"主战场"是在农村基层，工作条件相对艰苦，具有一定程度的体力劳动性质，因此需要农业推广人员具有良好的身体素质，有强健的体魄，较强的吃苦耐劳的精神。以下两点尤为重要：

1. 基本的身体素质　身体素质是指推广人员身体各器官系统功能的综合表现，是其在力量、耐力、速度、灵敏度、柔韧性等机体能力上表现出来的状态。身体素质的强弱，对推广工作人员的工作效率影响很大。

2. 良好的运动素质　推广人员在日常工作中要经常深入田间地头，广泛接触农民，甚至需要跋山涉水，所以农业推广人员需要具备一定的徒步、攀登、爬越等运动能力，以适应相对复杂的农业推广环境。

››› 第三节　农业推广人员管理 ‹‹‹

一、农业推广人员管理的内容

农业推广人员管理是推广机构所进行的人力资源规划、人员甄选、招聘与解聘、员工培训、绩效评估、职业发展、劳资关系等工作活动的总称。其中，人力资源规划、通过招聘增补员工、通过解聘减少员工以及进行人员甄选四个步骤是为确定和选聘到有能力的员工的重要步骤；员工培训是在选聘到能胜任工作的员工后，帮助他们适应组织并确保他们的技能和知识不断得到更新；绩效评估、职业发展和劳资关系则主要是用来识别绩效问题并予以改正以及帮助员工在整个职业历程中保持较高的绩效水平。人员管理的目的是使推广组织内的人力资源能得到充分有效地利用，从而提高农业推广组织的工作绩效。农业推广人员管理的内容包括：

1. 人力资源规划　人力资源规划是推广组织管理者为确保在适当的时候，为适当的职位配备适当数量和类型的工作人员，并使他们能够有效地完成促进组织目标实现任务的过程。通过推广组织的人力资源规划，可以将组织目标转换为个人目标来实现组织的总体目标。

人力资源的规划包括制订人员规划政策、方案及人员研究等工作活动。

人员规划政策是针对各类农业推广政策或农业推广机构发展目标而制定的。人员规划方案的制订是为了使推广机构内的人力资源达到有效甚至最佳的供需水平。人员研究的目的在于提供相关人员有关资料，以协助改进人力资源管理效果。例如，人员工作态度或士气调查、组织发展与人员规划政策的关系、各项农业发展或农村发展政策分析、员工需求反映。

在农业推广人员规划的各项内容中，人员规划方案的拟订尤为重要。一般而言，拟订人员规划方案可分为以下几个步骤：调查现有人力状况；调查基本服务范围；确定服务对象及估计人力需求；确定工作的优先程度；确定人员培训需要；估计总人力需求；调查培训资源和培训人员状况；估计潜在人员供给；比较人员需求与供给；确定财政负担；编制人员规划方案。

在估计和确定推广服务人员数量时，通常应当考虑以下几个因素：农户数量、农户或农场的规模、农户或农场经营类型、产值的高低、推广项目所涉及的范围和项目的复杂性、推广对象受教育的水平及心理特征、新闻宣传对推广工作的作用。

早在 1992 年，农业部、人事部发布了《乡镇农业技术推广机构人员编制标准（试行）》。中国农业技术推广中心依据县域内农作物种植面积、农户数和行政村数作为基本指标，制定了《种植业基层公益性农技推广人员编制测算参考标准》。各地也颁布了具体的人员编制标准，这些人员编制标准主要就是依据当地农户总数和不同类型的作物测算出人员指数，而后再依据人员指数确定配备人员数量。《中华人民共和国农业技术推广法》规定：国家农业技术推广机构的人员编制应当根据所服务区域的种养规模、服务范围和工作任务等合理确定，保证公益性职责的履行。国家农业技术推广机构的岗位设置应当以专业技术岗位为主。乡镇国家农业技术推广机构的岗位应当全部为专业技术岗位，县级国家农业技术推广机构的专业技术岗位不得低于机构岗位总量的 80%，其他国家农业技术推广机构的专业技术岗位不得低于机构岗位总量的70%。

2. 招聘与解聘 农业推广人员的招聘是在人员规划与编制的基础上，测算整个农业推广工作计划或农业推广机构的需求并选用所需的人员。如果在人力资源规划中存在超员，管理部门需要减少组织中的劳动力供应的人力变动，这称为解聘。人员的招聘来源很多，针对每种来源的人员招聘均存在其相应的优缺点，具体选用哪种渠道招聘推广人员需要根据本单位的情况和职务特点进行。职位的类型和级别也会对招聘方式产生影响，一个职位要求的技能越高或处于组织的高层，其在招聘过程中所需要扩展的范围就越大。在推广组织中，高层的行政管理人员和高级别的技术专家需要在较大的范围内招聘。人员的解聘工作也是管理者所必须面对的一项艰难的工作。但是，只要作为一个需要不断发展的组织，在不得不紧缩其劳动力队伍或对其技能进行重组时，解聘是人力资源管理活动中一项十分重要的内容。

3. 人员甄选 农业推广人员的甄选是一种预测行为，其目的是预测聘用哪一位申请者将会把工作做好，其实质就是在现有申请者信息的基础上，结合职务特征进行想象，根据想象的结果确定选用哪些或哪一位申请者的行为过程。当选中的申请人被预见会取得成功，并在日后的工作中得到证实；或者预见某一申请者将不会取得成功，且如果雇佣后也会有这样的表现时，说明这一决策就是正确的。在前一种情况下成功地接受了这一申请者，在后一种情况下成功地拒绝了这位申请者。要是错误地拒绝了日后有成功表现的候选人或错误地接受了日后表现极差的候选人均说明甄选过程出现了问题。要提高甄选中正确决策的概率，就要注意甄选手段的效度和信度。管理者通常可以使用各种手段来提高正确决策的概率。常用的手段包括：应聘者的申请表分析、笔试和绩效模拟测试、面谈、履历调查以及某些情况下的体格检查等。各种甄选手段会因为职务不同而异。在农业推广的各类人员甄选中，行政管理人员和督导人员可用绩效模拟、面谈、申请资料审核等方法，推广指导员可用工作样本、申请资料审核等形式，技术专家可选用工作样本、笔试、申请资料审核等手段。

4. 人员培训 农业推广人员上岗以后需要不断地接受培训，提高素质，以适应推广工作提出的新要求，增强工作能力和提高工作效果。推广组织的管理者所开展的人员培训活动可分为下列步骤：

（1）制定培训政策。培训政策在于说明培训的目的、作用及其培训与其他人员的管理活动的关系、培训的阶段和方式。培训政策的制定要基于科学技术不断地发展以及适应新的工作要求、推广人员自身需要等客观实际。

（2）拟订各类培训计划。培训计划的拟订有助于培训目标的实现。一般情况下，培训计划的拟订和编制包括以下几个步骤：确定培训需要；分析工作任务；选择培训对象；确定培训方式；选择培训教师和教材；确定培训成本、日期与地点；完成培训计划书。

从培训方式来看，主要有在职培训和脱产培训两种。在职培训通常是不脱离工作岗位或者短期地脱离岗位所进行的培训，其目的是改善推广人员在某一方面的技能、态度和观念。其形式可以是聘请有关专家到当地进行培训或者是推广人员短时间离岗参加专项培训。脱产培训则主要针对系统地改善推广人员的知识结构或提高其整体素质而进行的培训。

（3）管理和实施培训计划。培训计划执行活动主要包括：确定年度培训需要；分析并确定工作任务；确定培训课程与教材；教学环境的安排与准备；实施培训活动；培训效果评估；调整培训计划等。

我国现有的多数农业推广机构都建有推广培训部或推广培训中心，一般是围绕推广人员进行逐级培训。就目前我国农业推广人员管理而言，培训管理是一个较为薄弱的环节。

存在的主要问题是：对培训是推广人员管理的一个重要部分的认识不足，总体的培训程度不够；培训无规划或规划缺乏规范性；普遍缺乏职前培训，职后培训较为随意，缺乏规范性等。

5. 业绩考核　推广人员的业绩考核是对推广人员的工作绩效进行评估，以便形成客观公正的人事决策过程。组织根据评估结果做出有关人力资源的报酬、培训、晋升等诸多方面的决策。因此业绩考核结果不但要出示给管理层，而且要反馈给员工。这样，会使员工感觉到评估是客观公正的，管理者是诚恳认真的，气氛是建设性的。

《中华人民共和国农业技术推广法》明确规定，农业科研单位和有关学校应当将其科技人员从事农业技术推广工作的实绩作为工作考核和职称评定的重要内容。

各级农业技术推广部门和国家农业技术推广机构应根据当地农业推广的实际情况，建立农业技术推广机构的专业技术人员工作责任制度和考评制度。

县级人民政府农业技术推广部门管理为主的乡镇国家农业技术推广机构的人员，其业务考核、岗位聘用以及晋升，应当充分听取所服务区域的乡镇人民政府和服务对象的意见。

乡镇人民政府管理为主、县级人民政府农业技术推广部门业务指导的乡镇国家农业技术推广机构的人员，其业务考核、岗位聘用以及晋升，应当充分听取所在地的县级人民政府农业技术推广部门和服务对象的意见。

6. 职业发展及晋升与福利 着眼于员工的职业发展，将促进管理部门对组织的人力资源采取一种眼光长远的规划。一个有效的职业发展计划将确保组织拥有必要的人才，并能提高组织吸收和保留高素质人才的能力。因此探索人的职业发展历程，制订有效的职业发展计划，将有利于推广组织的长足发展。

晋升与福利是鼓励农业推广人员维持工作士气和成果的主要方法。

晋升包括职称和职务的迁升或部门内部的迁升。不论是哪一类迁升，都要考虑到使推广人员的能力和新的工作职务能够高度配合。因此，推广人员的绩效评估及其新工作的职务分析是进行迁升的预备工作。

福利主要是指工资及各项福利待遇。工资调整应当根据个人可能从事的新职务工作责任和推广人员的工作经验而加以决定。提高农业推广人员的福利主要包括奖金、保险、保健、文化娱乐及其他生活条件。在很多发展中国家和地区，农村和城镇相比生活条件很差。这就需要为农业推广人员特别是基层的农业推广人员提供相应的生活条件。

《中华人民共和国农业技术推广法》规定，各级政府应当采取措施，保障和改善县、乡镇国家农业技术推广机构的专业技术人员的工作条件、生活条件和待遇，并按照国家规定给予补贴，保持农业技术推广队伍的稳定。国家鼓励和支持村农业技术服务站点和农民技术人员开展农业技术推广。对农民技术人员协助开展公益性农业技术推广活动，按照规定给予补助。

7. 员工关系与工作条件 员工关系是指在一个农业推广组织内的不同成员间建立的沟通渠道、员工协商和提供各项咨询服务等。只有在组织内建立起一种良好的人际关系，激励员工士气，才能使员工之间形成积极向上、和睦相处的氛围，从而开展好各项工作。

工作条件主要是指要具有相对稳定的推广人员和充足的办公条件。推广工作需要有相对稳定的推广人员在某个推广区域开展工作，这就要求推广人员要具有相对稳定性，不要过分频繁流动，以利于推广人员与推广对象之间建立牢固的信任关系。基本的工作条件主要包括食宿、办公、交通和通信等设施设备。这些条件是员工开展工作的基础，只有良好的工作条件，才能提高推广工作效率。

农业推广组织的人力资源是农业推广的各种资源中最为重要的，也是最为活跃的资源，农业推广人员工作效率的提高，将会显著地提高推广工作效果。因此，只有不断地探寻适合农业推广工作自身要求的管理方式和方法，才能提高农业推广人员工作效率，促进推广事业的发展。

二、农业推广人员管理的方法

管理既是一门科学，更是一门艺术，管理者如何进行有效的管理，取决于管理者如何合理地运用各种管理方法。各种管理方法在不同的时空环境，面对不同的对象具有不同的效果。我国推广人员的管理问题一直是我国农业推广中的一个突出问题，而现代人员管理方法多样，作为农业推广组织就要从这些方法中选择适合自身工作特点的管理方法，制定一套人员管理的方案，才能提高推广工作效率，促进推广事业的健康发展。

一般通过经济方法、行政方法、法律方法、思想教育方法和精神激励法对农业推广人员进行管理。

1. 经济方法 农业推广人员管理的经济方法主要是指按照经济原则，运用经济手段，通过农业推广人员的工资、奖金、福利、罚款和签订经济合同等来组织、调节和影响其行为，从而提高推广工作效率的管理方法。经济方法的实质是正确处理国家、集体和个人之间的关系，以经济的手段将员工的个人利益和推广组织的整体利益联系起来，从而有效地调动推广人员的工作积极性。工资是劳动报酬的一种形式。工资必须与责任挂钩，只有这样才能充分调动人员的积极性，但工资对于员工来说是相对稳定的生活来源，其调动灵活性较低。福利的性质与工资相近，福利可以改善农业推广人员的生活条件，吸引和留住优秀人才。

奖金和罚款是管理中运用最为灵活的经济手段。奖金要在完成本职工作责任以外做出贡献时才能使用。奖金的发放要保持一定的比例，但又不能过大，过大则与福利容易混淆，同时也起不到激励的作用。奖励额度可运用得更为灵活，但对其度的把握要有可信赖的考核依据。罚款主要是对违反纪律和未完成工作任务的推广人员做出的经济惩罚，罚款额度不大，主要目的在于起教育和管理作用。值得我们注意的是，在实际运用中，要做到奖罚分明，即奖得合理，罚得应该。同时，经济方法是农业推广人员管理中一种行之有效的方法，而不是唯一的方法。只有把经济方法与其他方法结合使用，才能更为有效。

2. 行政方法 行政方法就是依靠行政组织的权威，运用命令、指标、规章制度和条例等行政手段，按照行政系统和层次进行管理，其特点是以鲜明的权威和服从为前提直接指挥下属工作的一种强制性的管理方式。在农业推广这样一个微观的管理领域内，要实现推广目标，有计划地组织活动，有目的地落实各项推广措施，强有力的行政方法是非常必要的。

农业推广人员管理行政方法的运用应注意：①应将行政方法建立在客观规律的基础上，在发出行政命令以前，要有大量的科学基础考察和周密的可行性分析，命令和规定要符合推广人员和推广对象的利益，才能使命令正确、科学、及时，有群众基础；②推广组织中的领导者应该头脑清楚，具备良好的决策意识和决策能力，并在做出决策后要尽量维护决策的权威性，使计划和决策具有相对的稳定性；③领导者要建立良好的群众基础，关心群众疾苦，做群众心目中的领导。

3. 法律方法 法律方法是以法律为手段，用法律所具有的强制性来要求推广人员遵守国家法律法规、地方性法规和推广组织的规定等的一种管理方法。适用于农业推广人员管理的法规包括法律、法规、决议、命令、细则、合同，规章制度、规范性文件等。

4. 思想教育法 农业推广人员管理的思想教育方法就是通过思想教育、政治教育和职业道德教育，使推广人员的思想、品德得到升华，行为得到改进，成为农业推广工作所要求的合格的推广人员。其中，农业推广人员管理中常用的思想教育方法有正面说服引导法、榜样示范法和情感陶冶法。

正面说服引导法是指用正确的观点、方法和立场去教育推广人员，举例子，摆事实，讲道理，让人明辨是非，提高思想道德素质的方法。这种方法的实质就是通过正面教育，以理服人，提高人们的自觉性和素质，调动内在的积极性，引导推广人员不断进步。这种方法在思想教育方法中运用得最广泛。

榜样示范法是指用正面人物的优良品德和模范行为来影响推广人员行为的一种方法。这种方法主要运用榜样的力量，通常用评先进和树立模范等方法树立榜样。榜样是一面旗帜，使人学有方向，赶有目标，起到较好的引导作用。在团体内选择的榜样，应该是成绩突出、品德高尚、作风正派的成员，这样才可以使推广人员不断地前进。用这些榜样的言行将思想教育的目标和职业教育规范具体化和人格化，使推广人员在富于形象性、感染性和可信性的榜样的感召下，得到教育和启发。

情感陶冶法是指通过自然的情境教育，使推广人员得到积极的感化和熏陶，从而培养其思想品德的思想教育法。这种方法就要领导以高尚的道德情操，动之以情，晓之以理，让推广人员心服口服，达到教育的目的。

5. 精神激励法 精神激励法就是利用推广人员的成就动机，激发推广人员对工作的兴趣、对自己职业重要性的认识以及对集体的关心，促使推广人员更好地完成工作目标的方法。在农业推广人员管理中，精神激励法有情感激励法、领导行为激励法、奖惩激励法。

（1）情感激励法。情感激励法指在农业推广工作中，通过良好的情感关系，激发农业推广人员的积极性，从而达到提高效率的一种管理方法。情感是影响人们行为最直接的因素之一，任何人都有各种情感需求。农业推广工作的管理者要不断地满足农业推广人员日益增长的物质文化的需求。在满足物质需要的同时，也要关心精神生活和心理健康，营造出一种相互信任、相互关心、相互体谅、相互支持、团结融洽的氛围，增强推广人员对组织的归属感。

（2）领导行为激励法。领导行为激励法指农业推广组织的领导者在激励农业推广人员的过程中，从自我做起，为组织成员做表率，用自己的行为激励组织成员的一种方法。组织成员则往往把优秀的领导者视为精神支柱，视为组织成员的骄傲、榜样，这也是对组织成员一种极为重要的精神激励。

（3）奖惩激励法。奖惩激励法指通过对农业推广人员正确的行为给予精神奖励，进行肯定和表扬，对错误的行为予以批评，激发推广人员内在动力的一种激励方法。值得注意的是，应该奖罚得当，这样才能调动群体成员的积极性，起到激励的作用。

在农业推广人员管理实践中，通常要将多种方法组合应用。为了贯彻落实《中华人民共和国农业技术推广法》，调动农业推广人员的积极性、主动性和创造性，加快农业农村科技成果转化应用，我国为农业推广人员设立了不同类型的奖项，如全国农牧渔业丰收奖、神内基金农技推广奖等。

码 8-1
全国农牧渔业
丰收奖

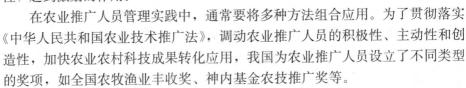

第四节　农业推广人员培训

人员培训是农业推广人员管理极其重要的组成部分。现阶段，我国农业推广人员培训主要是指通过知识更新工程的实施，使各类农业推广人员及时更新知识，提高创新能力，进一步健全和完善农业领域继续教育工作体系、制度体系和服务体系，全面提升我国农业推广人员的整体素质，着力提高农业推广人员的科技水平和专业素质，不断加快我国农业推广人员知识更新的步伐，以此来促进农业推广事业发展，加快农业技术的普及应用，助力乡村振兴。

一、农业推广人员培训的目标与内容

（一）培训目标

农业农村部《农村实用人才和农业科技人才队伍建设中长期规划》（2010—2020 年）提出：农业推广人员中科研人才学历结构要显著改善，高层次创新型人才显著增加，重点领域人才紧缺状况得到有效缓解；推广人才专业素养明显提升，基层推广人才比重稳步提高；农村实用人才素质全面提高，生产型、经营型、技能服务型人才大幅增加，复合型人才大量涌现。2021 年中共中央办公厅、国务院办公厅印发的《关于加快推进乡村人才振兴的意见》指出，要培养造就一支懂农业、爱农村、爱农民的"三农"工作队伍，为全面推

进乡村振兴，加快农业农村现代化提供有力人才支撑。

为保障我国农业推广工作健康有序地发展，要大力实施现代农业人才支撑计划、农村劳动力培训阳光工程、农业技术人员知识更新工程、基层农技推广特岗计划、百万中专生计划等人才培养工程，加强农业科研人才、技术推广人才和农村实用人才等人才队伍建设，为现代农业发展提供智力支撑和人才保障。为此，需要重点做好以下四类人才培育工作：

1. 农业科技领军人才培养 要创新农业高等教育与高端人才培养模式，以研究工作来促进高端农业推广人才培育。立足产业发展需求，加大对省部共建农业院校以及农业科研机构的指导与支持力度，着力培养农业科技领军人才和科技创新团队。立足研究基础、能力和产出，兼顾产业需求和发展潜力，每年选拔一批中青年农业科研杰出人才，稳定支持其个人及其团队开展创新性研究，逐步形成以领军型人才为核心的优势创新团队。通过加强人才引进，与国外联合培养等方式，吸引和培养一批具有国际竞争力的领军型人才。

码 8-2
《关于加快推进乡村人才振兴的意见》的基本内容

2. 基层农业技术推广人员培训 要大力实施基层农业技术人员知识更新培训计划，组织发动各级农业部门和推广、科研、教学单位，采取异地研修、集中办班和现场实训等方式，对基层农业技术人员分层分类开展培训，使基层农业技术人员每年接受一次集中培训。实施基层农业技术人员学历提升计划，分期分批选送基层农业技术骨干到高等、中等农业院校、科研院所进行研修、深造，培养一批业务水平高、综合能力强的基层农业技术推广骨干人才。实施基层农技推广特岗计划，引导和鼓励高校涉农专业毕业生到县、乡公益性农业技术推广机构工作，创新基层农业技术推广人员的补充机制。

3. 村级农业推广带头人培养 依托农业职业院校、农业广播电视学校、农业技术推广机构以及具备条件的其他培训机构和涉农企业，充分利用远程教育技术等现代教育手段，积极培育农村各类实用人才，加快提高种养专业大户、农民专业合作社、龙头企业等各种类型经营主体的科技应用水平和经营管理能力，促进村级农业推广人员综合推广素质的提升。加大各类农村劳动力培训工程和"绿色证书"培训实施力度，以就业潜力大的农业生产性服务行业、涉农企业以及种养大户为培训重点，分类、分层次、分领域加快培养具有一定专业技能水平的农业服务人员和农村社会管理人员，促进农民向职业化发展，强化对现代农业发展和乡村振兴人才队伍建设的支撑。

4. 农业推广后备人才实践技能培训 积极发挥农业高等院校、职业院校等在农业科技创新中的作用，推动农业农村部、教育部及地方涉农高等院校的部部共建、省部共建。引导涉农院校在专业设置、课程选择、人才培养等方面与农业、农村发展的需求紧密结合，促使涉农院校培养专业知识和能力符合现代农业、农村发展需求的综合性人才。促进中、高等农业职业院校立足乡村发展需求改善人才培养模式，探索校企联合、校地联合等多种人才培养方式，加大实训力度，提高农业职业院校学生实践能力。

农业推广人员培训可以采用以下形式进行：①参加高等院校、科研单位、学术团体或继续教育部门举办的各类进修（培训、研究）班；②到教学、科研、生产单位边工作、边学习；③参加企事业单位举办的学术报告会、专题研讨会，学术讲座、实用技术培训等；④有计划、有指导地利用各种农业推广培训资源进行自学；⑤利用现代网络技术进行在线培训；⑥结合本职工作或研究项目，进行专题调研和考察；⑦出国进修、考察，参加学术会议；⑧在职攻读硕士、博士学位等。

（二）培训内容

农业推广人员培训的内容要紧密结合农业技术进步、技术成果推广以及管理现代化的需要，按照不同专业、不同职务、不同岗位的知识结构和业务水平要求，注重新颖、实用，力求具有针对性、实用性、科学性和先进性。农业推广人员培训要根据统筹规划、专业对口的原则，分级组织实施。要根据我国农业农村经济、社会发展和科技创新的需要，紧跟世界农业技术发展的步伐，每年举办一定数量的专业技术人才培训。

初级农业专业技术推广人员主要是学习专业基础知识和进行实际技能的训练，以提高岗位适应能力，为继续深造、加快成长打好基础；中级农业专业技术推广人员主要是更新知识和拓宽知识面，结合本职工作学习新理论、新技术、新方法，了解国内外科技发展动态，培养独立解决复杂技术问题的能力；高级农业专业技术推广人员主要熟悉和掌握本专业、本学科新的科技和管理知识，研究解决重大技术问题，成为本行业的技术专家和学术（学科）带头人。

农业农村部各有关业务司、局、站、院负责所属行业（或单位）高级专业技术推广人员的继续教育，省（区、市）农业农村部门负责中级和部分高级专业技术人员的继续教育，地（市）县农业部门负责初级和部分中级专业技术人员的继续教育。

农业推广人员培训以短期培训和业余自学为主，广开学路，采取多渠道、多层次、多形式进行。如《事业单位工作人员培训规定》：事业单位工作人员每年度参加各类培训的时间累计不少于90学时或者12天，培训情况应当作为其考核的内容和岗位聘用、等级晋升的重要依据之一。

农业推广人员培训内容涉及面较广，包括技术、经济、政治、文化、生态、社会、互联网、大数据、云计算、人工智能等方面的新知识新技能。其中，农业技术培训重点围绕以下内容开展：良种繁育、栽培、肥料施用和养殖技术；植物病虫害、动物疫病和其他有害生物防治技术；农产品收获、加工、包装、贮藏、运输技术；农业投入品安全使用、农产品质量安全技术；农田水利、农村供排水、土壤改良与水土保持技术；农业机械化、农用航空、农业气象和农业信息技术；农业防灾减灾、农业资源与农业生态安全及农村能源开发利用技术；其他农业技术。

二、农业推广人员培训的步骤

农业推广人员培训要按照政府推动、单位支持、个人自愿的原则，积极整合各类社会资源，充分发挥各方积极性，紧密结合我国农业专业技术人才队伍建设的实际需求，统筹规划，分类实施，增强农业专业技术人才培养的针对性和实效性，优先培训紧缺专业的技术业务骨干，带动整个农业技术领域知识更新培训工作的开展。

农业推广人员的培训主要分为培训需求分析、制订培训计划、培训计划实施以及培训效果反馈四个步骤。

1. 培训需求分析 培训需求分析是对组织、岗位、个人的培训需求进行分析，是在对农业推广人员培训需求调查的基础上，分析推广人员绩效差距产生的原因，对推广人员的知识、技能和工作目标进行系统分析，用来确定是否需要进行培训以及培训的内容。培训需求分析主要包括以下内容：①了解接受培训的推广人员现有的全面信息；②确定推广人员的知识与技能需求；③明确培训的主要内容；④培训需要提供的材料；⑤了解推广人员对培训的态度；⑥了解上级部门对培训的支持力度；⑦确定培训效果考核的标准。

2. 制订培训计划 制订培训计划是为了保障培训工作的顺利开展、规范培训工作和增强培训效果。培训计划包括以下内容：

（1）选定培训的对象。农业推广人员中重点培训对象主要是：新聘推广人员，新技术、新方法的学习者，需要改进工作能力的推广人员，发展潜力大的推广人员。

（2）选择培训教师。培训教师的选择一般是外聘理论造诣高、联系实际紧密的农业推广专家、学者或者单位内部有经验的农业推广人员。

（3）培训课程设计。培训的课程一般包括知识、技能、思维、观念、心理五个方面。

（4）选择培训的形式和技术。培训的形式主要是集体培训和一对一培训。培训的技术包括直接培训法（课堂教学、在岗带教、多媒体教学）、参与式培训法（角色扮演、案例法、小组讨论、游戏法）、其他培训法（网络培训、参观考察）。

3. 培训计划实施 以下几种情况一般都需要进行培训：推广人员工作晋升和调整；工作进度缓慢，工作效率低下，需经常加班、超时工作；经常被推广对象投诉，工作质量差，经常不能达到预期的工作目标；农业推广人员士气低落，经常抱怨或投诉，高缺勤率或经常迟到早退；不能与同事、领导或推广对象顺畅地沟通；有新产品、新设备、新技术、新工作程序/系统等出台；新进推广人员等。

培训工作的组织包括：整个培训的总体安排；培训工作的具体操作、执行情况、培训讲义、培训反馈意见的整理；培训器材、食宿、车辆等后勤工作的安排等。

4. 培训效果评估 前三个阶段结束后，要在调查、了解的基础上，根据经验和相关标准对培训效果、培训对象和培训者本身做出一个价值判断，为今后农业推广人员的培训积累经验，也为农业推广人员培训项目提供优化或改进意见。评价主要从以下几个指标进行考核：被培训者的评价、信息强化水平、实践能力的提高、激励效果、培训费用、获得知识、态度转变、解决问题的能力、人际关系能力、参与者接受性等。

🔍 本章小结

➢根据所从事工作的性质差异，通常将农业推广人员划分为农业推广行政管理人员、农业推广督导人员、农业推广技术专家和农业推广指导员四种类型。各类农业推广人员承担着相应的工作职责。

➢素质是一种相对稳定的心理品质，它是知识内化和升华的结果，是可以培养、造就和提高的，它具有理性的特征，同时又是潜在的，通过外在形态来体现。知识是素质提高的前提和基础。农业推广人员素质的高低对农业推广效果影响较大。农业推广人员的素质涉及心理素质、职业道德素质、业务素质和身体素质等方面。

➢农业推广人员管理是推广机构所进行的人力资源规划、招聘与解聘、人员甄选、人员培训、业绩考核、职业发展、劳资关系等工作活动的总称。农业推广人员的有效管理就是在一定的条件下，探究经济方法、行政方法、法律方法、思想教育法、精神激励法合理使用的过程。管理既是一门科学，更是一门艺术，管理者如何进行有效的管理，取决于管理者如何合理地运用各种管理方法。各种管理方法在不同的时空环境，面对不同的对象具有不同的效果。

➢人员培训是农业推广人员管理极其重要的构成部分。农业推广人员的培训主要分为培训需求分析、制订培训计划、培训计划实施以及培训效果反馈四个步骤。

即测即评

 **复习思考题**

一、名词解释题

1. 农业推广督导人员

2. 农业推广人力资源规划

3. 农业推广人员甄选

4. 农业推广人员思想教育法

二、填空题

1. 根据所从事工作的性质差异，通常将农业推广人员划分为（　　）、（　　）、（　　）和（　　）四种类型。

2. 农业推广人员的知识素质反映的是推广人员从事推广工作所必需掌握的基本知识，包括（　　）、（　　）和其他相关知识。

3. 农业推广人员的技能素质主要包括（　　）、（　　）、（　　）、（　　）、（　　）和其他相关技能。

4. 农业推广人员管理的方法主要有（　　）、（　　）、（　　）、（　　）和（　　）五种。

5. 农业推广人员的培训主要分为（　　）、（　　）、（　　）和（　　）四个步骤。

三、简答题

1. 简述农业推广指导员的职责。

2. 简述农业推广人员的素质要求。

3. 简述农业推广人员管理的内容与方法。

4. 农业推广培训需求分析需要了解哪些信息？

第 九 章

农业推广项目计划与管理

☑ 导言

农业推广计划是对推广工作目标与活动的总的描述。在实践中由若干个推广项目所构成，而每一个推广项目又是由一系列推广活动所组成。在推广活动之下，则有许多具体措施。可见，农业推广人员了解农业推广项目计划的内容，掌握农业推广项目计划编制方法和基本要求，做好农业推广项目计划过程管理和监督工作，将对农业推广工作效率的提高产生积极的促进作用。

☑ 学习目标

通过本章内容的学习，你将可以：

➤ 了解农业推广项目计划的目的与意义；

➤ 熟悉农业推广项目计划的类型及其内容；

➤ 掌握农业推广项目计划的编制方法与实施方案的制订要求；

➤ 了解项目实施过程管理与监督要求；

➤ 掌握项目验收、评估方法与程序。

>>> 第一节　农业推广计划与项目概述 <<<

一、农业推广计划与项目的含义

(一) 农业推广计划

计划是人们为了达到一定目的，对未来的活动所作的部署和安排。它是人们的主观对客观的认知过程，是控制活动的依据，是重要的管理职能。计划内容主要包括六个方面，即计划要完成"做什么（what）、为什么做（why）、何时做（when）、何地做（where）、由谁做（who）、怎么做（how）"的问题，简称"5W1H"。

农业推广计划是农业推广机构根据社会发展需要，通过对现况的调查和分析，制订出包括目标、方法、所需设备、人员、经费和考核等内容的工作方案，然后按照一定的顺序和时间加以完成。农业推广计划是农业推广组织为实现农业发展目标，根据农业推广现状和趋势的综合分析，对未来一定时期农业推广所作的科学部署和安排，是推广工作的行动指南。它既是拟订计划的过程，又是执行计划的过程。农业推广计划包括计划制订、计划实施、计划检查和计划总结四个步骤。

（二）农业推广项目

有了计划并不等于就能实现计划的目标和任务，还需要设计一系列相互联系、彼此协调的具体活动，这些活动称为项目。项目都是一些有待完成的专门任务，是在一定的组织机构内、在限定的资源条件下、在计划的时间里，按满足一定性能、质量与数量的要求去完成的一次性任务。项目的基本内涵体现在六个方面：①它是一次性的工作；②它应在一定时间内由专门为此组织起来的人员完成；③它事先设定一个目标；④它有明确的可利用的资源；⑤它需要综合运用多个学科的知识来完成；⑥在项目的执行过程中需要借鉴的经验不多。

农业推广项目是指国家、各级政府、部门或有关团体、组织机构或科技人员，为使农业科技成果和先进的实用技术尽快应用于农业生产而组织的某项具体活动，是各级政府为了促进农业科技成果转化为现实生产力，促进农业生产和农村经济发展，完成国家农业宏观发展规划中提出的各种既定目标而设立的具体项目。

（三）农业推广计划与项目的关系

农业推广计划与项目两者既有区别又有联系。从某种意义上讲，计划是从全局或大方向上的把握，如生产发展规划、战略规划，而项目则是具体活动的策划与实施。一般来说，农业推广计划具有宏观性，农业推广项目具有微观性。推广计划是由很多推广项目组成的，是通过推广项目来完成的。但在实际工作中，每一个推广项目本身也是一个计划，尤其是基层农业推广计划很多就是农业推广项目的计划或工作计划。

（四）我国农业推广计划体系

我国农业推广计划体系包括三个层面：推广规划；项目计划；实施方案或工作计划。推广规划是指在一定时期内，根据国家或地区经济发展需要，充分考虑现有生产基础、自然、经济、技术条件及其进一步改造利用的可能性，拟订具有一定年限和科学依据的农业发展方案或重点发展项目、投资安排和建设措施，其中所设置的一些推广项目是推广规划的核心和实现规划目标的重要保障。例如，《"十四五"全国农业绿色发展规划》（以下简称《规划》）就提出到2025年农业绿色发展的"五个明显"的定性目标，即：资源利用水平明显提高，产地环境质量明显好转，农业生态系统明显改善，绿色产品供给明显增加，减排固碳能力明显增强。《规划》还明确了在保资源、优环境、促生态、增供给等四个方面的主要目标和支持领域建设。每一领域又设置若干重点项目，如农业资源保护利用工程、农业产地环境保护治理工程、农业生态系统保护修复工程、绿色优质农产品供给提升工程、农业绿色发展科技支撑工程等相关项目，通过项目的实施来实现规划的目标。

项目计划是农业项目实施的基础。在农业项目管理与实践中，项目计划是最先发生的并处于首要地位，主要引导农业项目各种管理职能的实现，是农业项目管理工作的首要环节。抓住这个首要环节，就可以总揽全局。项目计划是农业项目得以实施和完成的基础及依据，项目计划的质量优劣是决定农业项目成败的关键性因素之一。例如"十四五"国家重点研发计划、转基因生物新品种培育科技重大专项等。

实施方案或工作计划是指针对拟开展的推广活动，从推广的目标、内容、方式与方法、步骤及实施进度等所做的全面、具体而又明确的具体计划。例如，农业和农村经济规划及实施方案、农业技术推广体系构建方案等。

实施农业推广计划时，必须对其中的具体项目计划进行细化，包括主要的技术措施、试验、示范或推广基本要求与具体指标、实施地点与规模、参加人员、组织措施、年度或季度安排等。只有全面落实实施方案，完成了各项指标任务，达到预期目标，这才算是真正地完成一项农业推广项目计划。只有通过不同推广项目计划的实施，最终才能实现农业推广规划的总体目标。

二、农业推广计划与项目的类型

(一) 农业推广计划的类型

由于农业推广工作的复杂性和推广内容的多样性，要对农业推广计划进行严格的分类是比较难的。农业推广计划具有明显的管理权属特性、行业特性、专业特性、学科性质特性、时限特性以及工作职能特性等，依据不同特性可将农业推广计划进行如下分类：

1. 根据管理权属分类

(1) 国家推广计划。国家推广计划是全面的、综合性的农业推广计划，是对全国的农业推广目标、任务、规模以及人力、物力、财力资源的平衡分配做出的计划。它是国民经济和农业农村发展计划的重要内容，也是地方推广计划和基层推广计划拟订的指南和依据。例如，国家科技成果推广计划、现代农业产业体系建设项目、农作物高产创建项目、高标准农田建设项目、现代种业提升工程项目、绿色循环优质高效特色农业项目、大豆振兴计划、东北黑土地保护性耕作行动计划等。

（2）地方推广计划。地方推广计划是在国家推广计划指导下，结合本地实际拟订的计划，是对国家推广计划的补充和完善。如××省农业重大技术协同推广计划、××省农业良种工程项目、××省现代农业产业体系建设项目。

（3）基层推广计划。基层推广计划是农业推广系统的各基层企事业单位拟订的计划。基层推广计划的拟订要根据国家和地方推广计划的要求、政府的有关政策和法规，以及本单位和本地区的实际情况来拟订，它是国家推广计划和地方推广计划的具体化。

2. 根据行业特性分类　可分为种植业、养殖业、加工业等领域的推广计划，包括农业、林业、牧业和渔业等行业的推广计划。

3. 根据专业特性分类　可分为种子、植保、土壤肥料、饲料等推广计划，如种植工程项目、植保工程项目、沃土工程计划、保护性耕作项目等。

4. 根据科学性质分类　可分为试验、示范、推广、科技开发、体系建设等推广计划。

5. 根据时限特点分类　可分为长期计划、中期计划、短期计划。

（1）长期计划。长期计划是战略性、纲领性的计划，期限一般在 10 年左右及以上。如《全国农业可持续发展规划（2015—2030 年)》等。

（2）中期计划。中期计划一般以 5 年左右时间为期限，如《"十四五"全国农业绿色发展规划》《国家乡村振兴战略规划（2018—2022 年)》等。

（3）短期计划。短期计划一般为 2～3 年，也有年度计划项目或季度推广计划等，如《××省 2022 年农业重大技术协同推广计划》。

6. 根据管理形式分类

（1）指令性计划。指令性计划是国家农业推广机构根据政府的农业发展计划，用行政办法教育、指导农业生产者采用先进的农业技术和成果的计划。

（2）指导性计划。指导性计划是根据国家农业发展和农村经济发展的总体目标，相关农业推广机构和人员采用技术、经济、行政相结合的办法推广农业新技术和新成果的计划。

（二）农业推广项目的分类

1. 按照管理属性分类　可分为国家级农业推广项目和省部级农业推广项目。国家级农业技术推广项目是指以实现国家农业发展为目标，以现有的农业技术推广体系和服务设施为依托，以一定的资金投入为手段，并以项目形式来推广综合性、有计划、有投入和能适合大面积推广的先进农业技术的推广活动。省级农业推广项目是指以促进本省农业科技成果的实时转化为目标，农业科技部门通过项目的形式，以现有的农业技术推广体系为依托，进行大面积的推广活动。

2. 按照行业不同分类 可以分为农、林、牧、副、渔等方面的项目。

3. 按照专业不同分类 可以分为育种、栽培、土壤肥料、农业环保等方面的项目。

4. 按照科学性质分类 可以分为试验、示范、推广、开发等方面的项目。

5. 按照时间长短分类 可以分为长期项目（10 年以上）、中期项目（5 年左右）、短期项目（一般为 2～3 年）。

6. 按照项目来源分类 可以分为纵向、横向、自选项目。纵向科技项目是指上级科技主管部门或机构批准立项的各类计划（规划）、基金项目，包括国家级项目、省部级项目、市级和省厅局级项目等。横向科技项目指企事业单位、兄弟单位委托的、合作实施的各类科技开发、科技服务、科学研究等方面的项目以及政府部门非常规申报渠道下达的项目。自选项目指项目申报人考虑当下的工作和实际需要，根据自己的学术专长自拟开展的项目。

>>> 第二节　农业推广项目计划的制订与执行 <<<

推广项目是为了实现推广计划的总体目标而在一个或几个相关方面的整体行动方案，是包括现状（需要与问题）、目标、手段、条件、方案等内容的说明书。为了使推广工作取得预期的效果，需要花费一定的时间与精力对推广项目进行科学计划。

一、农业推广项目计划制订的原则、方式与步骤

农业推广计划必须根据推广地区的实际情况来制订。通常而言，农业推广计划建立在推广目标、推广对象、所要解决的问题及其解决方法等基础之上。合理的农业推广计划的制订，关键在于能否对现实情况和该区域农民的需要进行正确分析。

（一）农业推广项目计划制订的原则

1. 创新驱动原则 强调科技创新在农业发展的战略支撑作用，实施创新驱动发展，能够统筹科技资源，开展关键共性技术攻关和产业融合技术创新，组织实施技术集成创新示范重大项目。

2. 一致性原则 农业推广项目计划是地区性长远规划的一个组成部分，是地区性长远规划的补充和完善。因此，制订农业推广计划要注意与地区性长远规划的统一和一致，避免发生不协调的现象。

3. 农民主体原则 制订农业推广项目计划要注意教育性和开发农民智慧，

提高农民对自我价值的认识，以产生更大的需要和动机，利于农业推广工作的再发展。

4. 广泛参与原则　制订农业推广项目计划是把握全局、调动各方力量、协调利益的过程，各种机构、集团和个人的兴趣与利益要协调一致。因此，要推动职能部门、专家、农业生产者等广泛参与，以充分发挥各自优势，调动其积极性。

5. 综合效益原则　制订农业推广项目计划要求项目计划的内容具有较好的综合效益，即所制订的项目计划要在确保推广的技术符合高产、优质、绿色、高效的基础上，又能够取得显著的经济效益、生态效益和社会效益。经济效益是指推广项目计划要保证农民因参与推广活动得到经济收益，不仅要获得更多更好的产品，而且推广项目的产品销路好、价格高。生态效益是指推广项目计划能改善生态环境，保障生态平衡。社会效益是指推广项目计划要满足农村社会发展需要及居民对优质农产品的需求。

（二）农业推广项目计划的制订方式

1. 自上而下式　自上而下的项目计划通常是由政府和推广机构拟订的计划，是一种自上而下的单向沟通，农业生产者没有机会对自己的意愿进行主动表达。从教育的观点上讲，这种拟订方式不能启发农业生产者去思考问题，也不能激发其学习的积极性，只能被动地接受。

推广机构在制订自上而下的计划前，应当深入调查，在广泛了解"三农"现状和分析国内外形势的基础上要科学制订，以免推广计划脱离实际，给国家、农业生产者或推广机构自身造成不必要的损失。

2. 自下而上式　自下而上的项目计划通常是由农业生产者自己制订的计划。它能反映农业生产者的自身要求，能调动农业生产者学习的积极性。这种计划制订方式的基本依据是：

（1）农业生产者最了解自己的问题和需要，根据自身需要制订的推广项目计划对解决问题是最有效的。

（2）农业推广的重要任务之一是开发农业生产者的智力，提高农业生产者的素质。农业生产者制订推广项目计划的过程是一个学习和培养能力的过程。同时，推广工作只有在农业生产者积极参与的情况下才能顺利完成，农业生产者对自下而上制订的推广项目计划实施的积极性高。

（3）推广人员不能代替农业生产者决策，农业生产者有能力解决自己的问题，推广机构和推广人员只需提供必要的协助，就能实现推广的目标。

（4）农业生产者的独立人格和民主权利应该得到尊重和维护，关系到自己切身利益的农业推广项目计划应该由农业生产者自己决定。

（5）从教育的角度，可以启发农业生产者发表意见，对于营造民主风气和培养主人翁精神有积极作用。但这种方式耗时太多，意见表达参差不齐，意见不易集中，推广机构的人力、物力很难满足农业生产者的要求。而且，由于信息和知识水平等限制，拟订的推广项目计划可能缺乏科学性和可行性。在农业生产者了解自己的需要、农业生产者积极参与、民主观念增强的情况下，适用此种方式。

3. 上下联合制订式　自上而下或自下而上制订计划都存在双方缺乏互相交流思想，不适宜教育性农业推广工作的要求的问题。上下联合制订项目计划的方式可把农业生产者的参与和专业人员辅导结合起来，其好处表现为：

（1）目标与方案可体现各阶层的见识和智能，能代表各方面的要求，符合农业生产者需要。

（2）能够调动参与制订项目计划的各方面人员的积极性，因为其了解计划的内容，参与了决策，在客观上也承担了贯彻落实的责任，参与本身就是一种认可和传播。

（3）制订项目计划的过程也是互相启发学习的过程。

上下联合制订农业推广项目计划的基础是双方都有愿望和民主的气氛，特别是政府的推广机构要主动地创造这种气氛，重视制订项目计划的教育意义，启发农业生产者思考问题和培养自主的能力，参与者能获得学习机会。同时，参与者能为项目计划承担责任。

（三）制订农业推广项目计划的步骤

1. 确定推广目标　推广目标是农业推广的行动方向，是农业推广组织和人员推行某项农业推广计划的行动指南。农业推广项目计划目标的确定，要以农业发展目标为依据，在调查研究的基础上，分清问题的性质、涉及的范围、影响的深度和广度，逐次进行筛选。对计划项目中的各个子目标体系要进行现状和历史调查分析，全面积累数据，充分把握资料，并邀请有关专家进行科学预测，确定计划目标。

在农业推广项目计划制订的过程中，依据目标产生的先后顺序与范围的大小，农业推广项目计划的目标可分解为以下几个层次：

（1）宏观目标体系。从宏观上讲，农业推广目标体系一般可分为总目标体系、分目标体系、小目标体系和子目标体系四个层次。每一层次目标系统中的每一个目标又都可对应地分化出下一级的目标体系，形成一个上下相互衔接的、完整的农业推广目标体系。①总目标体系。总目标体系是指可以为农业某一领域做出贡献的高层目标。例如，运用农业新品种、新技术、新信息和新知识，推广治理农业环境，增强作物抗病抗逆能力，加强农田基本建设，建立农业生态的良性循环等是农业现代化建设首要任务的内容，就可以作为项目计划的总目标体系。②分目标体系。分目标体系是在总目标体系确定后，在总目标的指导下，进一步建立农业推广项目计划的分目标体系。例如，为充分利用温光资源，调整农业生产结构，改革不合理的栽培方法，推广优化施肥技术和增施有机肥料等可列为推广项目计划的分目标体系。③小目标体系。为了有利于农业推广项目计划的具体实施，在总目标体系和分目标体系的基础上，要进一步确定小目标体系。例如，推广以品种为中心的生物技术的小目标体系可包括：推广超级稻超高产生产技术；推广高产优质水稻新品种；推广畜禽优良新品种；推广速生林和经济林木等。④子目标体系。子目标体系是制订农业推广项目计划最具体、最重要而又最基本的单元，它是小目标体系的工作目标和具体方法，包括农业推广的具体时间、地点、所需资金、人员、相关技术指标、经济指标、推广应用对象和范围、推广规模、直接和间接的经济效益以及社会效益等。

（2）微观目标体系。从微观层面讲，村镇级的基层农业推广的目标体系可分为基本目标、一般目标和工作目标等层次，其中工作目标可根据工作任务需要分为第一层次目标、第二层次目标、第三层次目标等。①基本目标。基本目标是一般目标和工作目标的基础，所有一般目标均出自基本目标。例如，"树立新风尚、建好新农村"就是一种基本目标。②一般目标。一般目标比基本目标要具体，是拟定工作目标的依据。通常有了一般目标后，工作目标才能确立，工作计划才能编制。例如，要实现"树立新风尚、建好新农村"的基本目标，就要拟定发展农村经济、改善农村环境、提高农民素质等一般目标。③工作目标。工作目标比一般目标更具体、更实际。在拟定农业推广项目计划时，农业推广人员在一般目标的范畴里，根据农民的问题与需要、专家的意见及社会的需要，拟定工作目标，最终由农业推广人员依据推广活动的实际需要去达成。例如，为达到发展农村经济的一般目标，可根据当地的生态、经济和社会条件，制订发展特色水果、推广适宜早专晚优模式的双季稻品种和配套技术等工作目标。

2. 开展调查研究　调查研究就是搜集相关数据、分析相关问题的过程。任何计划目标的确定和项目的选择，都不是随兴而起、随意而为的，需要充分地调查研究。调查研究的主要内容包括："三农"需要解决的问题；最新的农业科技成果；区域内的自然、社会、经济条件与基础。

调查研究应在区域整体发展规划的指导下进行，并把调查研究工作贯穿于农业推广计划的制订、执行全过程。

3. 拟订项目计划方案　农业推广目标确定后，在调查研究的基础上，就要对项目计划方案进行拟订。一般要拟订多个备选的项目计划方案，然后在借鉴国内外历史和现实经验、深入分析发展趋势的基础上，对备选的项目计划方案进行比较分析，研究各方案的可行性，优中选优，从程序上保证项目计划方案的科学性和正确性。

4. 论证方案的可行性 论证是农业推广项目计划制订的中心环节。在论证过程中，要对农业推广项目计划所依据的理论的科学性，以及项目计划所依托的社会需求、经济基础、资源条件、技术力量和管理水平的现实性进行系统分析。同时，要对推广项目计划进行多种因素的综合性分析，要处理好农业推广活动内部和外部的各种复杂关系，为制订稳定持续的农业推广项目计划奠定基础。

5. 进行多方案比较试验 农业推广项目计划正确与否，需要开展多方案试验去检验，以减少盲目性、片面性和风险性，提高可靠度。经过试验检验，明确不同方案的利与弊，在修订原方案的基础上，确定初步的方案。

6. 评估方案和决策 依据论证和多方案试验中所取得的资料，对初步确定的方案"必须达到的目标和预期的目标"进行系统评审，特别是对方案的技术性、经济性、可行性以及预期目标，进行综合分析和全面权衡，确定最终的推广项目计划。确定好的推广项目计划报送主管部门审批后下达执行。

二、农业推广项目计划的编制

农业推广项目计划的编制是根据农业推广计划项目指南，采用文字说明与列表相结合的方法，按照推广项目计划的格式要求把计划的内容有条理、清晰地撰写出来，形成完整的农业推广计划书面报告，并对各项内容及指标进行说明，以便理解与操作。其编制过程具体为：

1. 建立项目计划委员会 制订农业推广项目计划前，要确定项目计划的编制人员和相应的组织机构最好由相关领域的干部、专家和农民代表组成，建立项目计划委员会，负责组织项目调研、项目初期论证和项目计划报告编制等。

2. 开展可行性论证 项目计划委员会建立后，就要对农业现状和农村问题做出恰当的评估，确定推广目标区域和目标群体，提高项目计划的有效性，同时进行项目初选和可行性论证，编写出项目可行性论证报告。项目可行性论证是对拟订的若干项目备选方案，组织有关专家从技术、组织管理、市场营销、社会及环境影响、财务、经济等方面进行调查研究，分析各方案是否可行，并对它们进行比较，从中选出最优方案的分析研究活动。

农业推广项目可行性论证报告的内容主要包括：

（1）项目基本信息。

（2）项目摘要。

（3）项目需求分析，包括项目与国家农业政策及发展规划等重点任务需求的结合程度，以及项目预期成果对经济社会发展或者农业推广活动的支撑作用。

（4）项目现有工作基础，包括国内外发展水平及发展趋势分析，项目实施已具备的基础等。

（5）项目目标、任务与考核指标，包括项目目标、主要任务、任务涉及的具体内容、项目的难点和创新点、项目技术路线、项目成果及考核指标等。

（6）项目实施计划、任务分解与课题设置。

（7）项目预算，包括项目预算表、预算说明等。

（8）项目预期成果的经济社会效益，与国内外相关内容的竞争分析，成果应用和产业化前景。

（9）项目实施的风险分析及对策措施、项目组织保障措施等。

3. 初选项目 初选项目计划时，除了要考虑技术可靠性和经济可行性以外，还要考虑当地农民的接受程度、推广人员的工作职责与工作能力范围，仔细、认真论证整个推广项目的可行性和合理性。

4. 编制项目计划 编写项目计划申报书的主要内容包括：

（1）推广项目名称。即项目的目的、意义，国内外发展水平和现状。

（2）项目说明。即推广项目的主要技术来源及获奖情况。

（3）项目推广计划指标。即项目推广的对象、地点、面积和示范的范围；分年度推广面积和范围；项目实施后预期达到的技术指标、经济效益和社会效益以及生态效益指标。

（4）推广方法和步骤。即活动计划和估计完成的时间、面积、范围，推广的难易程度及承担能力强弱，完成该项目推广计划要求的总时间和完成阶段性目标需要的时间。

（5）执行项目所需条件。包括执行项目所需要的人力、物力和财力等条件。资金不包括技术人员的工资，只包括推广活动费、试验示范用品、必要仪器设备的购置费及培训费等。按照推广规模认真测算每一个项目所需费用及每一笔经费的来源。推广物资是指在项目实施过程中，农民必须增加的那一部分生产资料投入，包括种子、苗木、农药、化肥、农机具等。根据推广规模估算新增物资品种的数量，并写明货源情况。

（6）预期结果和计划评价。对执行项目的价值和经济可行性进行评价。

（7）主持单位和协作单位。主持单位只能是一个，是项目推广计划的主要完成者，负责项目推广计划实施方案的编写和实施过程监督评估，以及人力、物力、财力的全面管理。协作单位可以是两个以上，居次要地位，主要是协助主持单位完成项目推广计划。

（8）项目执行人、参加人以及专家评审意见等。例如，农业农村部超级稻示范推广项目实施方案编写提纲包括：水稻生产及推广超级稻重要性分析，推广内容与任务分工，实施地点与示范规模，基本条件，计划进度与考核指标，经费预算，经济效益分析，组织方式，运行管理与保障措施，承担单位意见，省级农业行政主管部门审核意见，附件（新品种、新技术审定、鉴定证明以及其他必要的证明材料）

三、农业推广项目计划的执行

1. 建立项目实施机构 为保证农业推广项目计划的顺利实施，首先要建立科技成果推广示范基地或技术研究推广中心。科技成果推广示范基地或技术研究推广中心可以将农业推广项目计划集中、配套推广实施，也可将某项先进技术进行跨地区、跨行业推广应用，同时要探索和培育农业科技成果推广新机制，推动区域经济发展，促进行业技术进步和科技体制改革，形成规模效益。其次，要成立项目实施技术小组，确定项目负责人和项目参加人员，并明确相关人员的职责和义务，合理分工，确保项目技术的落实。最后，要成立项目行政领导小组。项目行政领导小组主要负责项目实施的监督和组织保障，推动"政、技、物"相结合，发挥农民和技术人员的积极性，确保项目计划的顺利开展。如果项目计划是跨地区实施，还要建立项目协作小组，保证各地区均能按项目计划要求完成相应的合同任务，实现项目计划的总体目标。

2. 制订实施方案 项目实施方案是指正式开始为完成某项目而进行的活动过程的方案，是项目主持人主持制订的具体推广活动的预先安排。在项目实施机构建立后，首先要制订项目实施方案，然后按计划有步骤、有秩序地调动一切资源来实现项目计划的目标。项目计划下达后，实施机构要根据合同任务与目标，对项目的内容、组织保障等方面进行细化，编制项目总体实施方案和分年度实施方案，包括主要的技术措施，试验示范与推广的基本要求与具体指标，实施地点与规模，参加人员，组织措施，年度或季度安排等。

3. 指导与服务 项目计划实施过程中，行政管理人员和推广人员要分级管理、监督检查、配套服务。①要深入宣传和培训农业生产者、技术人员，使其进一步明确项目计划的目的和意义，充分掌握各项技术措施，并落实到位。②要保证各种农用物资、资金供给到位，并做好相关农产品的产后服务。

4. 检查督促 项目计划实施过程实行项目主持人负责制，来调动项目主

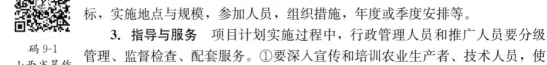
码 9-1
山西省旱作
节水农业技术
推广项目实施
方案

持人的积极性。项目计划下达单位和项目计划领导小组要采用中期评估和年度考核的方式，定期对项目计划进展情况、经费使用情况等进行检查和监督，及时发现和解决项目计划实施中存在的问题，保证项目计划所包含的各项目标任务顺利完成。对项目完成情况差或者未完成计划任务的单位和个人，要通过整改、停止项目或追究责任等形式给予处理。

5. 总结与评价　项目计划完成后要进行总结与评价。项目计划总结时，实施单位要撰写出年度总结报告、结题工作总结报告和技术总结报告以及某些单项技术实施总结报告。撰写总结报告的目的主要包括：对项目完成情况做全面总结，向项目下达单位做一个交代；为今后类似项目实施提供可以借鉴的经验和教训。

不同项目的总结报告内容有所不同，但编写的基本要求是一致的。工作总结报告的撰写要求如下：

（1）说明项目的来源和依据。

（2）列出项目计划的合同任务目标（计划经济指标）。

（3）介绍项目计划所采取的主要技术措施以及重大技术改进或突破。

（4）介绍项目计划完成情况、成绩和效益（经济、社会和生态效益）。

（5）总结项目完成所取得的主要经验和教训。

（6）提出意见和建议。

>>> 第三节　农业推广项目计划的管理 <<<

一、农业推广项目计划的认可管理

认可阶段是项目选择阶段，也是农业推广计划管理的关键阶段，决定着资源是否能够有效合理配置。只有在认可阶段选择恰当的项目，才会为后期的实施打下坚实的基础。

认可管理的内容包括：编制项目建议书或项目申报指南；进行项目可行性研究；接受申报材料并进行项目评估；正式立项，签订项目合作协议书；进行项目扩初设计等。通过此阶段的准备，能够使项目的开展建立在科学民主决策的基础上，促进项目顺利进行。项目提出后要进行初选并编写项目建议书。本阶段所提出的项目建议书，是初步确定项目计划支持方向。它必须符合当地经济发展规划的要求；符合国家的产业政策和投资政策；符合因地制宜的原则。同时，项目建议书要提出项目选择的必要性及依据，对资源约束、实施条件、投资预算、进度安排以及经济效果和社会效益进行初步估计。项目可行性研究和项目立项评估是认可管理的核心工作内容，能够为决策是否立项提供科学依据。

（一）农业推广项目的申请

农业推广管理部门在确定农业推广目标后，下级推广部门根据上级提供的申报指南就可进行项目的申报工作，即拟定项目计划书的过程。一般要提交项目申报书，重大项目要提交可行性论证报告。

（二）立项评估

1. 评估内容 项目立项评估是根据项目的具体情况及评估部门的要求有重点地进行评估。评估的内容包括：

（1）项目的必要性。

（2）项目的建设条件。

（3）项目实施方案。

（4）项目资金的筹措和使用及项目的财务评价。

（5）项目技术的可行性。

（6）环境影响。

（7）投资效益。

（8）项目实施后带动农户增收情况。

（9）相关政策和管理体制。

（10）评估结论。

2. 评估方法 农业推广项目计划评估主要采取专家组评议的方式，部分项目要根据具体情况进行现场答辩和实地考察。专家组评议是指聘用不同专业专家，共同对项目进行评议，形成专家组评议意见。专家组评议实行专家组长负责制。现场答辩是指对专家组评议存在疑问和争议的项目，组织项目申报单位、项目执行单位和项目技术依托单位共同参加的现场问答。实地考察是指对专家组评议认定可行性研究报告技术、经济基本可行或存在某些疑问的项目进行实地考察核实。每位专家对评估项目相关的专业部分进行独立审阅，写出个人意见并签名。在专家评议的基础上，专家组对评估项目进行集体评议，取得一致意见后，形成专家组综合评议意见。专家组根据项目评议情况和现场答辩情况，提交项目评估报告。考察组根据专家组评议意见和实地考察情况，提交项目评估考察报告。专家组评估报告和实地评估考察报告均为项目立项的依据。

3. 互斥项目的选择 农业推广项目评估时，经常会遇到在多个备选项目或某一个项目的多个备选方案中进行选择的问题。这些项目是相互排斥的，因此，称为互斥项目。农业推广计划项目的优劣不能单纯从财务和经济指标上去评价，而需要将各方面的因素综合起来考虑。互拆项目一般采用"多因素评分优选法"，通过多因素综合分析后给出定量的比较结论。具体可分三步进行：首先，将不同项目的主要指标（即判断因素）列表对照；其次，确定各个指标的权重 W（各指标权重之和规定为 1），并对每个项目的各指标分别评出得分 P（各个指标的各项目得分之和规定为 100）；最后，将各指标的权重与所评之分相乘，得出加权后的评分，以加权后评分总和最高的项目作为最优项目。其公式为：

$$\sum W_i P_i = W_1 P_1 + W_2 P_2 + W_3 P_3 + \cdots + W_n P_n$$

其中，i 代表某指标，n 代表指标数。这种方法的关键是要尽量准确地确定各个指标的权重和各个项目的各指标得分。

（三）项目计划确定与签订合同

1. 项目计划确定　农业推广管理部门在对备选的农业推广项目的基本情况、必要性和可行性论证、推广计划的先进性、推广方案的合理性等进行综合评估的基础上做出决策，确定出要立项实施的项目。

2. 签订项目合同　农业推广项目确定后，项目双方还应签订项目合同书。推广项目合同的内容包括：

（1）立项背景。推广该项目的目的、意义、国内外现状与趋势。

（2）项目内容与实施方案。项目主要内容、采用的推广方法和技术路线。

（3）项目计划进度及预期目标。项目总进度、分年度进度安排，以及推广项目计划要实现的总目标和阶段目标，包括技术经济指标、经济和社会效益等。

（4）项目团队情况。项目团队的主要成员基本情况及项目实施的条件。

（5）经费开支预算。对每一项开支的预算及用途要详细说明。

（6）项目签批审核情况。项目批准部门与项目申请人及其依托单位签字盖章，明确各项要求、经费拨付方式、成果所有权等。

二、农业推广项目计划的执行管理

项目执行是指利用各种资源将项目的计划应用和实施的过程。为保证项目预期目标的实现，就要严格按照项目评估报告及项目合同的要求实施。在整个实施过程中重点加强项目计划实施进程、技术落实情况、阶段性目标完成情况、资金与物资使用以及计划的监控、调整和管理等，保证项目顺利实施。

1. 农业推广项目计划执行监测与评估的内容　项目计划执行监测与评估的内容很多，主要包括项目技术、项目时间、项目成本、项目质量、项目风险等。具体包括：

（1）检查各个项目计划方案的落实情况，包括项目推广范围和规模、项目推广组织管理措施、推广人员的岗位责任制落实及承担项目的各部门间协作情况等。

（2）检查项目试验、示范区建设情况、技术落实情况、田间档案建立情况等。

（3）对推广效果进行评估，包括效果检验，预测能否完成技术经济指标。农业生产具有其他产业所无法相比的巨大风险，如环境因素、气候因素、资源约束以及融资约束等，在推广过程中要考虑各个方面所潜在的风险，及时发现和解决执行过程中存在的问题并反馈修正。

（4）及时总结典型经验。

2. 监督检查的方法 要使项目计划监测与评估的有效性提高，必须有具体有效的方法。在实践中可采用两种方法：

（1）建立定期报告制度。由项目承担单位在项目执行的各个阶段对项目执行情况开展自查并进行认真总结，写成专题报告，向项目主持人和管理单位汇报，必要时可召开项目汇报会。

（2）组织项目联查。为保证项目推广目标的实现，在项目执行的关键阶段，由项目管理单位和项目主持人组织有关专家和管理人员，深入项目实施区域进行联合实地考察，听取项目组汇报和农业生产者的反映，及时解决出现的问题。联查结束后，向项目管理单位反馈意见。

三、农业推广项目计划的成果管理

成果管理主要包含项目实施结果的验收与鉴定。农业推广项目计划完成后，项目执行单位和项目下达单位要对项目完成质量、效果、经验等进行总结和资料归档，并对取得突出效果的项目计划组织进行鉴定和报奖。

（一）项目验收与考核

项目验收是项目完成过程中或完成后，项目计划下达单位聘请同行专家，按照规定的形式和程序，对项目计划合同任务的完成情况进行审查并得出相应的结论的过程。项目验收又分为阶段性验收和项目完成验收。阶段性验收是对项目中较为明确和独立的实施内容或阶段性计划工作完成情况进行评估，评估结论可作为项目是否继续进行的重要依据，也可作为项目完成验收的依据。项目完成验收是指对项目计划总体任务目标完成情况得出结论的评估工作。

1. 项目验收的内容

（1）是否达到预定的推广应用目标和技术合同要求的各项技术、经济指标。

（2）技术资料是否齐全，是否符合规定。

（3）资金使用情况，是否按计划使用。

（4）经济效益、生态效益、社会效益是否达到项目计划所预期的效果。

（5）主要经验。

（6）存在的主要问题及改进意见。

项目验收的结论主要为是否完成合同规定的内容及达到各项指标，经费是否按计划开支，完成质量如何，分为优秀、合格（同意通过验收）、不合格（不同意通过验收）。

2. 项目验收的程序

（1）项目下达机构通知验收时间与要求。

（2）项目承担单位或人员按照计划部署或上级规定的时间和要求，收集、整理项目文件和资料，撰写验收总结报告。

（3）提交项目验收报告，准备接受验收。

（4）项目下达机构组织验收并形成验收结论。

（5）项目资料归档。

3. 项目验收的方式　项目验收通常由组织验收单位或主持验收单位委托有关同行专家，财务、计划管理部门和技术依托单位或项目实施单位的代表等成立项目验收委员会进行。验收委员会委员在验收工作中应当对被验收的项目进行全面认真的综合评价，并对所提出的验收评价意见负责。根据项目的性质和实施的内容不同，验收方式主要包括：

（1）现场验收。对于应用性较强的推广项目，其项目的实施涉及技术的大面积、大规模应用的实际效果问题。此类项目的验收可以采取现场验收的方式，主要是通过专家组考察项目实施现场，对产量、数量、规模、基地建设技术参数等指标进行实地测定，从而达到客观、准确、公正评定项目实施的效果和项目完成状况的目的。现场验收是阶段性验收常用的方式，如组织专家实地测产等。

（2）会议验收。会议验收是项目完成验收常用的方式。它是指专家组通过会议的方式，在认真听取项目组代表对项目实施情况所作汇报的基础上，通过查看与项目相关的文件、图片，工作和技术总结报告，论文等资料，进一步通过质疑与答辩程序，最后在专家组充分酝酿的基础上形成验收意见。

（3）检测、审定验收。有些推广项目涉及相关指标的符合度问题，仅凭现场（实地观测）验收和会议验收不能准确判断其完成项目与否，还必须委托某些具有资质的或法定的检测机构和人员通过仪器测定相关指标，得出准确的结论，并对相关指标进行审定（审查）后，方可对项目进行验收。

4. 项目验收文件准备　项目牵头单位和项目负责人应在项目执行期结束后，在规定时间内完成项目绩效评价材料准备工作。需要准备的材料主要包括：

（1）项目综合绩效自评价报告。

（2）项目绩效评价意见。

（3）项目实施过程中形成的知识产权和技术标准情况，包括专利、商标、著作权等知识产权的取得、使用、管理、保护等情况，国际标准、国家标准、行业标准等研制完成情况。

（4）与项目任务相关的第三方检测报告或用户使用报告。

（5）成果管理和保密情况。

（6）任务书中约定应呈交的科技报告。

（7）科技资源汇交方案，根据《国务院办公厅关于印发科学数据管理办法的通知》的要求和指南规定需要汇交的数据，应提交由有关方面认可的科学数据中心出具的汇交凭证。其中，对于项目实施过程中形成的科技文献、科学数据，具有宣传与保存价值的影视资料、照片、图表，购置使用的大型科学仪器、设备，实验生物等各类科技资源，应提出明确的处置、归属、保存、开放共享等方案。

（8）审计报告和相关补充说明材料等。

5. 项目经费的审计　项目经费审计的主要目的是揭示项目经费的运行情况，对经费管理使用过程中存在的薄弱环节，提出切实可行的审计意见和建议，促进被审计单位严格管理，专款专用，保证项目经费使用的规范性、安全性和有效性。主要的审计程序如下：

（1）了解被审计单位及被审计科目的基本情况。

（2）审计被审计单位是否专户管理、专户存储。

（3）审查有无转移科技项目经费。

（4）审查有无改变经费用途和改变开支标准。

（5）审阅支出凭证是否真实、合法、有效。

（6）审查科技项目经费结余的账务处理。

（二）成果鉴定

成果鉴定是项目完成后，项目计划实施单位提出申请，有关科技行政管理机关聘请同行专家，按照规定的形式和程序，对项目完成的质量和水平进行审查、评价并得出相应的结论的过程。

1. 成果鉴定的内容

（1）成果名称是否准确。

（2）是否实现合同或计划任务书要求的指标。

（3）技术资料是否齐全完整，并符合规定。

（4）应用技术成果的创造性、先进性和成熟程度。

（5）应用技术成果的应用价值及推广的条件和前景。

（6）存在的问题及改进意见。

（7）成果划密。

2. 成果鉴定的程序

（1）项目完成单位收集、整理项目文件和资料，并向上级或项目下达机构提出鉴定申请。

（2）项目下达单位或上级管理机构根据项目的行业和专业特点，聘请相关专家组织鉴定，并对成果的先进性给出明确的鉴定结论。

（3）项目完成单位向成果管理机构申请成果登记。

3. 成果鉴定的组织形式　成果鉴定工作是主管科技工作的政府机关的行政行为。由组织鉴定单位聘请同行专家，按照规定形式和程序，对科技成果进行审查和评价，并作出相应的结论。成果的鉴定范围，包括新产品、新技术、新工艺、新材料、新设计和生物、矿产新品种等应用技术成果。农业推广项目的成果鉴定主要包括：

（1）检测鉴定。检测鉴定指由专业技术检测机构通过检验、测试性能指标等方式，对科技成果进行评价。

（2）会议鉴定。会议鉴定指由同行专家采用会议形式对科技成果做出评价。必须进行现场考察、测试和答辩才能做出评价的成果，可以采用会议形式鉴定。

（3）函审鉴定。函审鉴定指同行专家通过书面审查有关技术资料，对科技成果做出评价。不需要进行现场考察、测试和答辩即可做出评价的科技成果，可采取函审形式鉴定。

（三）科技成果登记与报奖

1. 科技成果登记　根据成果类型，科技成果分为一般科技成果与重大科技成果两种。科技成果登记提交材料包括：

（1）科技成果登记表（每份均附相关成果证明材料）。

（2）成果完成单位科技成果登记项目汇总表。

（3）登记软件中导出的电子版上报文件等。

重大科技成果或有转化需求的科技成果登记时，提交材料还需要重大科技成果推荐表或科技成果信息表（有转化需求）。

科技成果登记表有三类，分别为基础理论成果类、应用技术成果类、软科学成果类。①基础理论成果证明材料包括：验收或结题报告、学术论文（提供首页）、学术专著（提供封面和版权页）、检索报告等。②应用技术成果证明材料包括：相关的评价证明或知识产权证明材料，如各级、各类科技计划项目评价证书、鉴定证书、验收证书、行业准入证明、新产品证书、认定或审定证书、专利授权证书（含权利要求书首页）、植物品种权证书、软件著作权登记证书、标准（提供封面及前言页）等。③软科学成果证明材料包括：软科学计划项目结题证书等。成果证明材料提供复印件即可。

2. 成果报奖　获得成果登记是申报成果报奖的必要条件。成果报奖所需材料主要包括：

（1）项目基本情况及简介。

（2）主要研究内容及创新。

（3）推广应用情况。

（4）主要应用单位情况。

（5）经济社会效益。

（6）第三方评价。

（7）已授权的知识产权情况。

（8）本项目曾获科技奖奖励情况及曾申报其他省部级科技奖励情况。

（9）主要完成人及完成单位情况。

（10）推荐单位意见等。

3. 报奖程序与要求　根据有关规定，科技成果奖励实行归口管理办法。几个单位共同完成的推广成果，由项目主持单位会同参加单位协商一致后按上述规定报奖。若其中部分推广成果是一个单位单独完成的，并在生产上可单独应用，经协作项目主持单位同意也可以单独向归口部门报奖，但不得参与总项目重复报奖。协作推广项目的报奖必须有技术推广合同书，并明确推广内容、时间、参加人数、参加单位、主持或牵头单位、项目主持人以及其他有关事项。

🔍 本章小结

➤农业推广计划与农业推广项目是两个不同范畴的概念。从范畴来看，农业推广计划要高于农业推广项目，农业推广计划有许多农业推广项目所组成，依靠项目来实施。只有通过不同农业推广项目的实施，才能实现农业推广计划的总体目标。

➤农业推广项目计划的制订通常采用自上而下式、自下而上式和联合制订式，必须遵循"四效统一"的原则、紧扣同地区发展相结合的原则、科技驱动的原则和发挥农民主体作用原则，往往通过开展调查研究、确定农业推广目标、拟订项目计划方案、论证方案可行性、进行多方案比较试验、评估方案和决策等进行编制。

➢农业推广项目计划的认可管理是确保项目目标完成的重要保障。管理内容一般包括提出项目申请，接收申请材料后进行项目综合评估和项目立项，最后签订项目合同等。农业推广项目计划的执行管理发生在项目的具体实施阶段。为了达到项目预期目标，必须严格按照项目评估报告以及项目合同的要求实施。整个过程需要进行项目跟踪，适时评估，及时了解阶段性目标完成情况，对项目结题进行绩效评价等。农业推广项目计划的成果管理主要是对项目实施的结果进行成果鉴定、成果登记以及成果报奖。

即测即评

 **复习思考题**

一、名词解释题

1. 农业推广计划

2. 农业推广项目

3. 函审鉴定

二、填空题

1. 制订农业推广计划的方式通常有(　　)、(　　)和(　　)三种。

2. 农业推广项目验收的方式一般有(　　)、(　　)和(　　)三种。

3. 根据管理形式分类，农业推广计划可分为(　　)计划和(　　)计划。

三、简答题

1. 农业推广计划与农业推广项目有何关系？

2. 简述制订农业推广项目计划的主要步骤。

3. 简述项目验收的主要内容。

4. 简述成果鉴定的主要程序。

第 十 章

农业推广工作评价

☑ **导言**

　　农业推广工作评价是衡量农业推广工作绩效的重要手段，它是运用科学方法，依据既定的推广工作目标，对推广工作的各个环节进行观察、衡量、检查和考核，以便了解和掌握已开展的推广工作是否达到预期目标，进而确定推广工作的效果和价值，及时总结经验和发现问题，不断改进农业推广工作作风和提高推广工作水平的过程。农业推广工作评价的指标很多，评价方式方法多样，在评价过程中，只有掌握评价的相关知识，运用正确的方式方法，才能公正、客观地评价农业推广工作。学习本章内容，深刻领会农业推广工作评价指标体系中各个指标的含义及使用方法，增强专业自信，有助于将所学知识应用在生产实践中，对某项已完成的农业推广项目是否达到预定的目标和标准进行判断，进而对这项农业推广计划的实施进行客观的评价，助力我国现代农业发展。

☑ **学习目标**

　　完成本章内容的学习，你将可以：

➤ 了解农业推广工作评价的目的；

➤ 掌握农业推广工作评价的原则；

➤ 掌握农业推广工作评价的指标体系；

➤ 正确应用农业推广工作评价的方式方法；

➤ 了解农业推广工作评价的步骤。

》》》 第一节　农业推广工作评价概述 《《《

一、农业推广工作评价的含义

　　评价是对事物价值的评判，一般是指采用各种指标来衡量某项事物所获得的经济效益、社会效益和生态效益等。农业推广工作评价是围绕农业推广工作的计划目标，采用不同指标来衡量和评判农业推广工作的结果是否有显著的效益或价值，以及与既定目标相符合程度的过程。在此基础上，肯定成绩，找出差距，总结经验和教训，以利于今后农业推广工作的顺利开展，也为其他推广工作提供参考和借鉴。因此，农业推广工作评价是在深入调查研究、详细占有资料的基础上，对某项推广项目或某个推广单位进行全面系统的分析和评判。

二、农业推广工作评价的作用

1. 认可作用 通过对农业推广工作完成情况的评价，在农业推广项目或农业推广工作的预期目标完成情况、组织能力、推广方法、工作成绩和社会效果等方面给予评判和认可。

2. 学习作用 通过对农业推广工作的评价，总结农业推广工作中的成绩，发现问题，汲取经验和教训，实现理论与实践之间的融会贯通，有利于在今后的推广工作中从不同层面、不同环节上充实和提高。

3. 决策作用 通过对农业推广工作的评价，可以更加明确工作方向，为今后推广工作制定有关策略、改进措施、修正计划、重新调整工作思路等提供理论支持和依据，进而提高决策的科学性、合理性和可行性。

4. 强化责任作用 通过对农业推广工作的评价，可以明确农业推广工作中有关利益群体的责、权、利，明确各级责任主体，使受益群体的利益得到保障。同时，通过评价可以帮助农业推广人员端正服务态度，改进工作作风，提高工作效率，强化农业推广人员的责任感和使命感。

5. 增强能力作用 通过对农业推广工作的评价，肯定成绩，提出问题，有利于农业推广工作主体开阔思路，加强学习，增强责任感，提升其在工作中的决策、执行和管理能力，提高农业推广人员的工作能力。

三、农业推广工作评价的基本原则

农业推广工作评价，应该遵循一定的原则。只有这样，才能把评价工作做深做细，从而将推广管理者和推广人员的积极性激发出来。

1. 综合效益原则 综合效益原则是指在评价时必须对项目的经济效益、社会效益及生态效益进行综合评价，也就是要把握三个效益统一的原则。具体地讲，既要看到技术的先进性、实用性和实效性，也要考虑到经济合理有效和环境无害性；既要使生产者和经营者有利可图，又要考虑到对社会稳定、人民安居乐业有促进作用，还要考虑到对生态平衡和自然环境有良好作用或者使其危害降到最低程度。

2. 实事求是原则 在农业推广工作评价中，参与评价的人员必须熟悉评价对象的方方面面，深入实地考察，仔细查阅、分析有关文献资料和实物样本，并到各处走访，以便对农业推广工作做出符合客观实际的评价。对不清楚的问题，要弄清楚；对意见分歧较大的问题，应认真分析其原因，尽量达成一致意见；对根本性的问题及重大问题，一定要慎重，不必强求一致，可留待今后进一步研究，再下结论。评价工作最忌讳的是主观臆断、人云亦云，更不能弄虚作假。要准确、实事求是地评价项目工作带来的效益，不能主观地加以夸大或缩小。一切数据应以实地调查为基础，充分占有第一手资料，力求做出客观真实、准确无误、公正合理的评价。

3. 以人为本原则 农业推广工作评价要从农民、推广人员和行政管理人员等各相关方的角度出发，关注其对农村社区不同人群带来的变化和影响，特别是对社会公平、组织发展、消除贫困、增加就业岗位和改善生活等方面的影响，尽量照顾到各方面的利益和感受。

4. 可比性原则 对农业推广工作的评价，只有通过一定的比较才能鉴别优劣，从而得到较具说服力的结论。互相比较的两个或多个农业推广项目，必须有可比性，这样的比较才有价值。如在进行新技术推广效益评价时，常常使用对比的方法，即将新技术与对照技术进行效益比较，这时要注意所比较的技术应属于同类技术，且资料来源、统计口径与比较的年限等均应一致。

5. 因地制宜原则 农业生产具有明显的地域性、严格的季节性和生产的综合性等特点，发展农业生产必须遵循自然规律。因此，对农业推广工作的评价，也应该根据当地自然状况、生产条件、社会实际状况进行合理、公正的评价。

四、农业推广工作评价的内容

农业推广工作的评价内容包括多个方面，涉及农业推广工作的全过程。农业推广工作的评价应根据评价的目的和要求，选择所需的评价指标。一般可将农业推广决策评价、农业推广效益评价、农业推广工作过程评价作为评价的主要内容。

1. 对农业推广决策的评价 推广决策是推广管理工作的一项重要职能，它是依据农业生产中迫切需要解决的问题作为决策目标，经过项目评估分析、方案对比，从诸多可行性方案中筛选出最佳方案，通过试验、示范证实技术先进、可行后，方可决定大面积推广。

2. 对农业推广效益的评价 农业推广效益涉及项目的经济效益、社会效益及生态效益三个方面。

（1）经济效益。经济效益是指新技术推广后生产投入、劳动投入与实际产出的比较，即投入与产出的比率。在进行推广经济效益评价时首先要注意农民是否得到更高收益，投入产出比是否高，比较效益是否合理；其次在评价项目总体经济效益时，应注意推广规模和推广周期长短等因素，因为这与单位时间创造的总经济效益关系密切。

（2）社会效益。社会效益是指农业推广项目应用后给社会提供优质、丰富的农产品，满足人们的物质和精神生活的需要，维护社会安定，提高农民素质，促进乡村建设和社会发展的效果。具体表现在：①为社会作出的贡献情况。通过推广项目的实施，是否促进了生产发展，为社会提供了丰富物质，是否改善了社会活动条件、劳动条件，减轻了劳动负担和改善了农民家庭生活水平。②推广活动对农民素质影响的效果。通过参加推广项目，农民的知识、技能、态度方面发生了哪些变化。社会效益评价的内容包括：就业率，劳动力负担，农民对推广项目的态度和认识程度，操作技能，女性地位，社会公平程度，农村生产和生活质量，人际关系以及农村文化等方面的变化情况。

（3）生态效益。生态效益是指项目推广应用对生物生长发育和人类生存环境的影响效果。对推广项目实施所带来的生态影响，尤其是对不利影响进行的评价主要有：①土壤里是否有农药、地膜等农业废弃物残留，残留期的长短；②是否破坏了自然景观；③是否为毁林种地项目；④是否会造成水土流失；⑤是培肥地力项目、大量消耗地力项目还是用地与养地相结合项目；⑥是否会加剧土壤盐渍化；⑦是否会污染农业用水和饮用水的水源；⑧是否妥当处理"三废"，是否对当地的农业生态环境造成威胁和污染等。

3. 对推广工作实施过程的评价　推广工作是推广机构、农民、涉农团体及社会各相关机构共同参与、沟通协商和利益整合的过程。推广工作涉及技术项目的试验、示范、推广，推广方式方法的创新，农村人力资源资本建设以及推广综合服务的配套等方面。

（1）推广项目内容评价。推广项目内容评价主要从技术的先进性、经济的合理性、生产的可行性、区域的适应性等方面权衡项目是否能达到预期的推广规模；从农民需求程度、政策资金等外部环境的支持情况、市场前景和推广机制等方面判断推广项目是否可以达到预期的目标。

（2）推广方式方法评价。推广方式方法是否恰当是影响推广度和推广率的重要因素。推广方式方法评价主要内容包括采用了哪些方法传播农业新技术，它们在项目中的地位和作用，是否做到了因地制宜、因人而异，是否根据农民的素质不同而选用不同的推广方法，是否根据社会经济、自然条件、生产条件差异选用不同的推广方法；农业推广程序是否灵活；推广项目发展阶段与沟通媒介选择是否适宜；所用推广方法是否有利于推广机构潜能的激发，不同推广方法之间是否具有互补性；推广方法上有哪些创新等。

（3）推广支持服务系统评价。农业推广支持服务系统包括推广人员、农业信息、信息传递的方式、组织机构、信息服务效果、农资供应、技术服务和产品销售等内容。评价农业推广工作支持服务系统能否有效地满足推广工作的需要，并在必要的情况下及时进行资源调配与组织协调。

>>> 第二节　农业推广工作评价的指标体系 <<<

农业推广工作评价指标是农业推广工作评价的标准，是综合反映某一社会现象的数值。农业推广工作评价内容的丰富性决定了评价指标的多样性。使用不同的评价指标，从不同的角度与层次来考察和衡量评价对象，可以提高评价工作的科学性。

一、农业推广工作评价指标分类

对于农业推广工作采用什么样的指标进行评价，一般很难确定。其原因是农业推广工作受自然环境条件影响比较大，同时农业推广项目资金投入相对集中、周期较长，而且受益群体分散，受益时间具有明显的滞后性。所以，对农业推广的评价不能仅仅停留在效益的层面，而是要全面地、准确地对农业推广的整个过程进行综合评价，以保证评价的结论真实、准确和公正。农业推广工作评价指标主要包括产业政策指标、农业推广项目的有效性指标、工作过程指标、工作效果指标、项目工作的影响指标、项目工作的可持续指标、能力建设的贡献指标几类。

1. 产业政策指标　产业政策是国家制定的，引导国家产业发展方向，推动产业结构升级，调整国家产业结构，促进国民经济健康可持续发展的政策。产业政策指标是评价农业推广工作的重要指标之一，它是检验农业推广项目的目标是否符合国家的有关产业政策、是否与当地政府的发展目标相一致、是否符合农业生产者的有关需求，以及是否因政治、经济、社会或其他因素而调整了项目工作目标等的依据。产业政策指标是一个定性指标，可以从以下几个方面来考核：项目目标是否符合国家、地方产业政策；项目目标是否符合农民的有关需求；农业生产者群体和个人是否是项目的直接受益者；推广项目相关主体对政策的满意程度。

2. 项目的有效性指标　项目的有效性指标涉及项目工作目标是否清楚、已确定的问题和需求是否得到了解决、目标群体是否受益、是否达到了实现目标所需的产出及投入等内容。各项指标用优、良、一般、差四个等级将其量化。

3. 工作过程指标　工作过程指标主要衡量在实现农业推广目标的过程中，影响工作开展的各种因素是否正常。工作过程指标虽然是定性指标，但可以分级量化进行评价。对工作过程指标的评价，可从以下几个方面进行：投入产出情况是否正常；产出物（农产品）的数量、质量、时效性是否达到有关的要求；相关的技术、管理、服务等支撑条件是否及时、有效；项目影响程度；项目工作是否进行了调整，调整的理由是否充足。

4. 工作效果指标　工作效果指标是用来衡量项目的预期目标是否实现，一般包括项目的投入、产出情况等。其中，投入指标包括资金、物资、劳动力、服务等投入数量及其来源等，产出指标包括项目产品产出的数量和质量、农业设施建设完成的数量和质量、农业生产活动从事人员能力建设成效等。

5. 项目工作的影响指标　农业推广项目工作的开展所产生的影响长远，一般在项目执行期间难以完全、充分地表现出来，只有在项目完成相当长一段时间后才能较为充分地显现出来。

（1）对于经济影响的评价指标。可用整个项目对国民经济的影响以及收入分配、就业和国内资源成本、农业科技进步贡献率等来衡量。

（2）对于社会影响的评价指标。农业推广项目对于社会的影响主要集中于项目在实现国家各项社会发展目标方面的表现。评价指标包括定性指标和定量指标。定性指标主要包括：项目对社会环境的影响，如实现人的社会价值，促进社会公平，发展文化、教育、卫生事业等方面；项目对社会的经济贡献，如分配、就业、技术进步、资源配置等；项目对自然资源合理利用的贡献，如对土地、光、温、水、热等资源的合理利用；项目对自然和生态环境的影响，如抗灾、减灾等。定量指标主要包括目标农产品贡献率、就业率、农业劳动生产率增量、农民生活水平提高率等。

（3）对于环境影响的评价指标。可用绿色植物覆盖率、水土流失面积指数、土壤退化面积比率、污染物减排量、环境质量指数等定量指标，也可以用项目防止有害病菌传播措施是否得当、环保措施是否得当、项目区生态环境变化等定性指标来衡量。

6. 项目工作的可持续指标　项目工作的可持续指标用于评价目标群体或受益群体在农业推广工作结束后，能否继续保持项目的良好运行并带来好处，包括资源分配、管理制度和政策的可持续性。

7. 能力建设的贡献指标　能力建设的贡献指标是用于评价推广工作在加强农业生产者自我发展能力、丰富地方机构利用项目所取得的经验、解决发展中所遇到问题等方面的贡献程度。一般用农业生产者参与培训的人数及地方支持农业推广服务体系建设的数量指标等来衡量。

在上述各类指标中，项目工作的影响指标、可持续指标和能力建设的贡献指标是评价农业推广工作成功性的重要指标，特别有助于从宏观上评价推广工作是否实现其目标。

二、农业推广成果评价指标体系

（一）推广程度指标

1. 推广规模　推广规模通常是指实际推广的范围、面积及数量的大小。其单位有面积（m^2、hm^2）、机器台数（台、件等）、苗木数量（株数）。实际推广规模指已经推广的实际统计数。应推广规模指某项成果推广时应达到或可能达到的最大规模，是一个估计数，它是根据某项成果的特点、水平、内容、作用、适用范围，以及与同类成果的竞争力和平衡关系所确定的。

2. 推广度与平均推广程度

（1）推广度是指实际推广规模占应推广规模的百分比，它是反映单项技术推广程度的指标。

$$推广度 = \frac{实际推广规模}{应推广规模} \times 100\%$$

推广度在 0～100％ 范围内变化。一般情况下，一项成果在有效推广期内的年推广情况（年推广度）变化趋势呈抛物线状态，即推广度表现为由低到高，达到最大值后又下降，降至为 0 后停止推广。根据某年实际规模算出的推广度为该年度的推广度。有效推广期内推广度的平均值为该成果的平均推广度，就是一般所指的该成果的推广度。多项技术的推广度可用加权平均法求得平均推广度。根据最高的实际推广规模算出来的推广度为该成果的年最高推广度。对许多农业推广应用技术成果而言，一般认为年最高推广度大于或等于 20％ 为起点推广度。

（2）平均推广程度是衡量平均推广效率的指标，指推广度与成果使用年限的比值。

$$平均推广程度 = \frac{推广度}{成果使用年限} \times 100\%$$

3. 推广率　推广率是指某地已经推广的科技成果项数占某地可推广应用成果总项数的百分比，它是评价多项农业技术推广程度的指标。

$$推广率 = \frac{已推广的科技成果项数}{总的成果项数} \times 100\%$$

例如：某省农业科研、教学单位"十三五"期间共取得农业科技成果

120 项，其中可推广应用的成果 100 项，已推广的成果为 85 项，其推广率计算为：

$$推广率 = \frac{已推广的科技成果项数}{总的成果项数} \times 100\% = 85/100 \times 100\% = 85\%$$

4. 推广指数 成果的推广度和推广率都只能从某个角度反映成果的推广状况，而不能全面反映某地区、某系统（部门）、某单位在某一时期内成果推广的状况。为此，引入"推广指数"作为反映推广率和推广度的综合指标，可以比较全面地反映成果推广的状况。推广指数的计算公式如下：

$$推广指数 = \sqrt{推广率 \times 推广度} \times 100\%$$

（二）推广速度与推广难度指标

1. 平均推广速度 平均推广速度是指平均推广度与成果使用年限的比值，它是评价推广效率的指标之一。

$$平均推广速度 = \frac{平均推广度}{成果使用年限}$$

2. 推广难度 农业推广工作评价中，一般根据推广的潜在收益及其风险的大小、技术成果被采用者采纳的难易程度以及解决技术推广所需配套物资条件的难易程度等，判断某项农业科技成果推广的难度。一般分为三级：

（1）Ⅰ级：推广难度大。具有以下情况之一者均可认为推广难度大：①推广收益率低；②经过讲解、示范或阅读技术操作资料后，仍需要专业人员对技术采用全过程进行详细指导；③技术采用成功率低；④实施技术方案所需的配套物资或其他条件难以保障。

（2）Ⅱ级：推广难度一般，介于Ⅰ级与Ⅲ级之间。

（3）Ⅲ级：推广难度小。满足下列所有情况者则可认为推广难度小：①推广收益率高；②经过讲解、示范或阅读技术操作资料后，采用者即可实施技术方案；③技术采用成功率高；④实施技术方案所需的配套物资或其他条件有保障。

（三）农业推广工作综合评价指标体系

推广工作综合评价是评价人员对推广机构的领导管理、项目推广应用和工作效果等方面进行的全面评价。主要通过座谈、讨论、交流、查阅资料、听取汇报、现场查看等方式进行综合评价，各相关指标及打分标准列入表 10-1，综合得分≥80 分为优，70～79 分为良，60～69 分为中，59 分及以下为差。

表 10-1　综合评价指标

一级指标	分值	二级指标	分值
推广项目	10	项目来源	3
		可行性报告	7
成果推广应用与管理	30	技术措施	10
		推广方法	15
		领导管理	5
产前、产中、产后服务	25	资金使用情况	5
		生产资料供应	10
		产品销售与深加工	10
推广效益	35	经济效益	20
		社会效益	10
		生态效益	5
合计	100		100

资料来源：王慧军，2017. 农业推广学 ［M］. 2 版. 北京：中国农业出版社.

三、农业推广效益评价指标体系

农业推广效益评价体系已比较成熟，评价指标也很多。下面对有关经济效益、社会效益和生态效益指标加以阐述。

(一) 经济效益评价指标体系

农业新项目推广后产生的经济效益指标很多，但一般情况下，常用以下指标进行评价：

1. 推广项目经济效益预测指标

(1) 新项目的最低起点推广规模。

$$项目规模起始点 = \frac{项目推广的费用总和}{\left(\frac{项目单位规模}{的新增产值} - \frac{项目单位规模}{的新增费用}\right) \times 项目实施年限}$$

项目实施规模应大于起点推广规模，规模越大效益越高。若项目实施规模低于起点推广规模，推广就算失败。

(2) 新项目推广的经济临界点（或经济临界限）。新项目推广的经济临界点是指推广新技术的经济效益与对照的经济效益比值，两者之比必须大于 1 或者两者之差必须大于 0。

$$项目经济临界点 = \frac{新项目的经济效益}{对照项目经济效益} > 1$$

或

$$项目经济临界点 = 新项目的经济效益 - 对照项目经济效益 > 0$$

经济临界点是在若干项同类项目中选择最佳项目时要用到的重要指标之一。经济临界点的数值越大，说明该项目效益越显著。在若干个新项目都高于经济临界限的情况下，具有最大经济效益的项目为最佳项目。

2. 实际经济效益指标

（1）单位规模增产量。

单位规模增产量＝新技术成果单位规模产量－对照技术成果单位规模产量

在种植业中，常用面积来衡量规模。计算公式如下：

单位面积增产量＝新技术成果单位面积产量－对照技术成果单位面积产量

（2）新增总产值（量）。

评价经济效益常用新增总产值，计算公式如下：

$$新增总产值 = 单位规模增产值 \times 有效推广规模$$

在种植业中，新增总产量＝单位面积增产量×有效推广面积，其中

$$有效推广面积 = 推广面积 - 受灾失收减产面积$$

$$= 推广面积 \times 保收系数$$

$$保收系数 = \frac{常年播种面积 - 受灾失收面积 \times 灾害概率}{常年播种面积}$$

保收系数根据不同地区自然经济条件而定，一般情况下，保收系数在 0.9 左右。

（3）单位规模增产率。

以种植业为例，相应的单位面积增产率计算公式如下：

$$推广项目单位面积增产率 = \frac{新技术推广应用后的单位面积产量 - 新技术推广应用前的单位面积产量}{新技术推广应用前的单位面积产量} \times 100\%$$

（4）新增纯收益。

$$新增纯收益 = 新增总产值 - 科研费 - 推广费 - 新增生产费$$

$$新增总产值 = 单位面积增产值 \times 有效推广面积$$

（5）农业科技投资收益率。

$$农业科技投资收益率 = \frac{新增纯收益}{科研费 + 推广费 + 新增生产费} \times 100\%$$

当新增生产费用是零或负数时，节约的生产费计入新增纯收益，则上式变为：

$$农业科技投资收益率 = \frac{新增纯收益 + 节约生产费}{科研费 + 推广费} \times 100\%$$

（6）农业科研费用收益率。

$$农业科研费用收益率 = \frac{新增纯收益 \times 科研单位份额系数}{科研费} \times 100\%$$

其中，份额系数是指科研、推广和生产使用单位在新增纯收益中各自占的份额、比例。

（7）农业推广费用收益率。

$$农业推广费用收益率 = \frac{新增纯收益 \times 推广单位份额系数}{推广费} \times 100\%$$

（8）农民收益（得益）率。

$$农民收益（得益）率 = \frac{新增纯收益 \times 生产单位份额系数}{新增生产费} \times 100\%$$

（二）社会效益评价指标体系

农业推广社会效益的评价指标很多，一般用以下指标进行评价（表 10-2）。

表 10-2　农业推广的社会效益评价参考指标

评价目标	指标内容	资料来源
知识技能	新技术采用率 参加培训的人数	农户调查 社区调查
均衡发展	农业生产者参与程度 项目受益群体 妇女接受培训的人数 贫困人口变化 政策和资金的透明度	农户调查 二手资料 社区调查 项目计划
劳动就业	劳动就业、单位投资就业机会 劳动强度降低程度、劳动技术装备	二手资料 社区调查
生活水平	人均主要农产品占有量、农业生产商品率 农民生活水平	有关机构调查
社会稳定	事故（发案）率 社区稳定率	有关机构调查

资料来源：高启杰，2014. 农业推广学［M］. 北京：中国农业出版社.

1. 就业效果指标和劳动条件改进指标　就业效果指标是反映新技术推广

应用后解决社会劳动就业的程度和效果的情况，包括劳动就业率和单位投资创造就业机会。劳动条件改进指标是反映新技术推广应用后劳动条件得到改善的情况，如农业机械的使用降低了劳动强度。

（1）农民劳动就业率。该指标反映新技术推广应用后解决劳动就业的程度。计算公式如下：

$$农民劳动就业率＝\frac{新技术推广应用新增劳动力数}{新技术推广应用前参加生产的劳动力数}×100\%$$

数值越大，说明农民安居乐业的机会越大，对社会安定的贡献就越大。

（2）劳动技术装备率。也称技术装备程度指标。一般用平均每个劳动力所占有的机械设备价值表示。计算公式如下：

$$劳动技术装备率＝\frac{新技术推广期间农业机械设备平均价值}{该时期农业劳动力数}×100\%$$

数值越大，说明每个劳动力占有的机械设备越多，劳动强度将得到改善。

2. 生活条件改善指标　生活条件改善指标是反映新技术推广应用后人们生活水平得到改善的情况。

（1）农业生产商品率。农业生产商品率反映的是主要农产品商品化的程度，说明了新技术推广应用后给社会提供农产品的数量。计算公式如下：

$$农业生产商品率＝\frac{新技术推广应用后一定时期内农产品的商品量}{一定时期内农产品总量}×100\%$$

数值越大，说明农产品商品化程度越高。

（2）人均主要农产品占有量。该指标反映一定时期内按人口计算的农产品拥有的程度。计算公式如下：

$$人均主要农产品占有量＝\frac{新技术推广应用后一定时期内农产品生产量}{一定时期内人口总数}$$

数值越大，说明人均主要农产品占有量越多，生活水平高。

（3）农民生活水平提高率。农民生活水平提高率是指新技术推广应用后给农民带来的改善程度。计算公式如下：

$$农民生活水平提高率＝\frac{新技术推广应用后人均生活消费额－新技术推广应用前人均生活消费额}{新技术推广应用前人均生活消费额}×100\%$$

如果农民生活水平提高率为正值，说明新技术的推广应用有利于农民生活水平的提高；如果为负值，说明新技术的推广应用阻碍了农民生活水平的提高。

3. 社会稳定指标 社会稳定指标是反映新技术推广应用后促进社会长治久安的程度。反映社会稳定的指标有事故（发案）率和社区稳定提高率。计算公式如下：

$$事故（发案）率=\frac{新技术推广应用后事故（发案）数}{当地人口数}$$

$$社区稳定提高率=\frac{新技术推广应用后事故（发案）数-新技术推广应用前事故（发案）数}{新技术推广应用前事故（发案）数}\times100\%$$

如果社区稳定提高率为负值，说明新技术应用减少了事故（发案）的发生，对社会的稳定有促进作用；如果为正值，则说明新技术的应用不利于社会的稳定。

此外，社会稳定指标还有项目实施后农民储蓄额增加、受教育人数增加、素质提高等指标。在搜集资料进行评估时，可以直接使用数量指标，也可以用百分率进行比较，考察变化情况。

（三）生态环境效益评价指标体系

农业推广生态效益是指农业新技术推广应用后对人类的生产、生活和环境条件产生的效果。农业推广生态环境效益评价过程中要深入贯彻习近平生态文明思想，它关系到人类生存发展的根本利益和长远利益。评价农业新技术推广后产生的生态效益的指标很多（表10-3）。生态环境效益的评价指标体系中既要有对生态资源利用程度或效益的指标，又要有对生态环境质量影响的指标。

表10-3 农业推广的生态效益评价参考指标

评价目标	指标内容	资料来源
自然资源	光能利用率 水资源利用率 热量利用率 森林覆盖率 植被覆盖率	实地观察 统计资料
环境质量	土壤有机质含量变化 农用薄膜残留率 农药施用量的变化 农作物秸秆还田率 产品及环境污染 土壤、水体污染率 水土流失面积、水土流失指数 沙漠、沙化、盐碱地面积	实地观察 现场照片 统计资料

资料来源：高启杰，2014.农业推广学［M］.北京：中国农业出版社.

1. 生态资源利用程度或效益指标

（1）光能利用率和光能利用提高率。光能利用率是指在一定时间内，单位面积上作物光合作用积累的有机物中所含的能量（折热能）与同期照射到该土地面积上太阳辐射能量的比率。光能利用提高率是指某项新技术推广应用后比新技术推广应用前光能利用率的提高程度。计算公式如下：

$$光能利用率 = \frac{一年内生物总产量 \times 单位干物质的产热量}{当地全年太阳总辐射量} \times 100\%$$

$$\frac{光能利用}{提高率} = \frac{新技术推广应用后的光能利用效率 - 新技术推广应用前的光能利用效率}{新技术推广应用前的光能利用效率} \times 100\%$$

如果光能利用提高率为正值，说明该项新技术有利于光能的利用；如果为负值，说明该项技术的光能利用率较差。

（2）热量利用率和热量利用提高率。热量利用率是指单位面积上一年时间内作物（一种作物或几种作物）生育期内所消耗积温占当地全年总积温（大于0℃）的百分比。热量利用提高率是指某项新技术推广应用后比新技术推广应用前积温利用率的提高程度。计算公式如下：

$$热量利用率 = \frac{一年内作物生育期间所需积温}{当地全年内总积温} \times 100\%$$

$$\frac{热量利用}{提高率} = \frac{新技术推广应用后的热量利用效率 - 新技术推广应用前的热量利用效率}{新技术推广应用前的热量利用效率} \times 100\%$$

如果热量利用提高率为正值，说明该项技术对热能利用率高；如果为负值，说明该项技术的热能利用率较差。

（3）水分利用效率和水分利用提高率。水分利用效率是指单位水量（降水量＋灌溉量＋土壤耗水量）生产的农作物产量。水分利用提高率指某项新技术推广应用后比新技术推广应用前水分利用率的提高程度。计算公式如下：

$$水分利用效率 = \frac{一年内农作物经济产量}{每公顷土地全年用水量（降水量＋灌溉量＋土壤耗水量）} \times 100\%$$

$$\frac{水分利用}{提高率} = \frac{新技术推广应用后的水分利用效率 - 新技术推广应用前的水分利用效率}{新技术推广应用前的水分利用效率} \times 100\%$$

如果水分利用提高率为正值，说明新技术需水量大，不利于节水；如果为负值，则说明新技术需水量小，有利于节水。

（4）绿色植物覆盖率和绿色植物覆盖提高率。绿色植物覆盖率是指绿色植物面积与土地总面积的比值，以百分数表示。绿色植物覆盖提高率是指某项新技术推广应用后比新技术推广应用前绿色植物覆盖率的提高程度。计算公式如下：

码 10-1
冬小麦节水
新品种与配套
技术集成应用

$$\frac{\text{绿色植物}}{\text{覆盖率}} = \frac{\text{森林面积＋草地面积＋农作物种植面积}}{\text{土地总面积}} \times 100\%$$

$$\frac{\text{绿色植物}}{\text{覆盖提高率}} = \frac{\text{新技术推广应用后的绿色植物覆盖率－新技术推广应用前的绿色植物覆盖率}}{\text{新技术推广应用前的绿色植物覆盖率}} \times 100\%$$

绿色植物覆盖提高率如果为正值，说明该项新技术推广应用有利于绿色植物覆盖率的提高；如果为负值，说明该项新技术推广应用不利于绿色植物覆盖率的提高，这在农业推广过程中是要特别注意的问题。

（5）森林覆盖率和森林覆盖提高率。森林覆盖率又称森林覆被率，指一个国家或地区森林面积占土地面积的百分比。它是反映一个国家或地区森林面积占有情况、森林资源丰富程度、实现绿化程度的和生态平衡状况的重要指标，又是制定或规划森林经营和开发利用的重要依据之一。不同的国家对森林覆盖率的计算方法不同，如中国森林覆盖率指郁闭度 0.3 以上的乔木林、竹林、国家特别规定的灌木林地、经济林地的面积和农田林网、村旁、宅旁、水旁、路旁林木的覆盖面积的总和与土地面积的百分比。森林由于受地理环境等因素的制约和影响，地区分布很不平衡。森林覆盖提高率是指某项新技术推广应用后比新技术推广应用前森林覆盖率的提高程度。计算公式如下：

码 10-2
学习推广塞罕
坝林场的
科学精神

$$\frac{\text{森林}}{\text{覆盖率}} = \frac{\text{森林面积}}{\text{土地总面积}} \times 100\%$$

$$\frac{\text{森林覆盖}}{\text{提高率}} = \frac{\text{新技术推广应用后的森林覆盖率－新技术推广应用前的森林覆盖率}}{\text{新技术推广应用前的森林覆盖率}} \times 100\%$$

森林覆盖提高率如果为正值，说明该项新技术推广应用有利于森林覆盖率的提高；如果为负值，说明该项新技术推广应用不利于森林覆盖率的提高，这在农业推广过程中是要特别注意的问题。

2. 对生态环境质量影响的指标　此类指标主要反映农业科技成果的推广应用对自然生态环境（如大气、水体、土壤、生物等）的改变而引起的生态环境的变化。

（1）土壤有机质平衡比率。该指标是评价土壤有机质循环好坏的指标。计算公式如下：

$$土壤有机质平衡比率 = \frac{新技术推广应用后的土壤有机质含量 - 新技术推广应用前的土壤有机质含量}{新技术推广应用前的土壤有机质含量} \times 100\%$$

土壤有机质平衡比率若大于零，表示平衡为正，说明土壤有机质有积累；若小于零，则表示平衡为负，说明土壤有机质循环不良，消耗过多而补充不足。

（2）地膜残留率。地膜残留率是指单位面积残留土壤中地膜量与单位面积地膜使用量的比率。计算公式如下：

$$地膜残留率 = \frac{单位面积地膜使用量 - 单位面积地膜回收量}{单位面积地膜使用量} \times 100\%$$

地膜残留率的数值越小，说明地膜残留越少，对土壤造成的污染就越小。

（3）农药使用变化率。农药使用变化率是反映农药使用量增减情况的指标。计算公式如下：

$$农药使用变化率 = \frac{新技术推广应用后的农药施用量 - 新技术推广应用前的农药施用量}{新技术推广应用前的农药施用量} \times 100\%$$

如果农药使用变化率大于零，说明新技术应用中病虫草害防治技术措施应用不当；如果农药使用变化率小于零，说明新技术应用中病虫草害防治技术较好。

（4）农作物秸秆还田率与农作物秸秆还田提高率。农作物秸秆还田率是指农作物秸秆还田量与农作物秸秆总量的比率。农作物秸秆还田提高率是指某项新技术推广应用后比新技术推广应用前农作物秸秆还田率的提高程度。计算公式如下：

$$农作物秸秆还田率 = \frac{单位面积秸秆还田量}{单位面积秸秆总量} \times 100\%$$

$$农作物秸秆还田提高率 = \frac{新技术推广应用后的农作物秸秆还田率 - 新技术推广应用前的农作物秸秆还田率}{新技术推广应用前的农作物秸秆还田率} \times 100\%$$

如果农作物秸秆还田提高率大于零，说明新技术的推广应用对农作物秸秆还田有促进作用；如果农作物秸秆还田提高率小于零，说明新技术的推广应用对农作物秸秆还田没有促进作用，并降低了农作物秸秆还田率，该新技术不宜推广。

（5）水土流失量指数和水土流失量变化指数。水土流失量指数是指某地水土产生流失的量与土地总量的比率。水土流失量变化指数是指某项新技术推广应用后与新技术推广应用前相比水土流失量变化的程度。计算公式如下：

$$\text{水土流失量指数} = \frac{\text{水土流失量}}{\text{土地总量}} \times 100\%$$

$$\text{水土流失量变化指数} = \frac{\text{新技术推广应用后的水土流失量} - \text{新技术推广应用前的水土流失量}}{\text{新技术推广应用前的水土流失量}} \times 100\%$$

水土流失量变化指数反映的是新技术推广应用后水土流失量的变化情况。如果结果小于零，则表示该新技术的推广应用对水土流失有一定的防治作用；如果结果大于零，则表示该新技术的推广应用对水土流失没有防治作用，并且加速了水土流失，该新技术不宜推广。

此外，评价生态效益指标还有土壤沙化、土壤沼泽化、土壤污染、水体污染以及空气污染等。在评价过程中要尽可能地对项目实施前后发生的变化情况进行对比，用量化指标来说明问题。

>>> 第三节 农业推广工作评价方法与步骤 <<<

一、农业推广工作评价方式

1. 自检评价 自检评价是推广机构及人员根据农业推广工作的目标、评价原则和内容收集资料，对自身工作进行自我反思和自我诊断的一种主观效率评价方式。这种方式的特点是：推广机构的人员对自身情况熟悉，资料积累较完整，评价成本低，但评价人员对其他单位的情况了解不多，容易产生注重纵向比较而忽视横向比较的现象，因而对本单位的问题诊断可能存在一定的偏差或深度不够，所以要求评价人员不断地了解其他单位的各种信息。

2. 项目反应评价 项目反应评价方式是指通过研究农业生产者对待推广工作的态度与反应，对推广工作进行评价的方式。该方式鼓励以工作小组的形式来对推广工作进行评价。这种评价方式的优点是：能使推广人员通过观察农业生产者对农业推广项目有效性的态度和评价，为今后项目推广的有效开展提供借鉴。此外，通过观察农业生产者对农业推广项目的反应，能得到更多他们采用新技术的有关信息，如生产者对项目活动的反应，知识、技能的变化情况，采用行为的结果及其综合影响等。但在项目反应评价过程中，评价人员可能并未完全理解项目评价程序中所包含的逻辑，例证可能含糊不清，被询问者对项目价值的估计可能会受到他们对项目工作人员及推广情况看法的影响和制约。因此，使用这一评价方式时，要尽可能多地利用探讨性问题来扩大对某一问题的回答范围，避免采用没有事实根据的臆断来回答问题。

3. 专家评价 专家评价是指聘请有关农业推广方面的专家组成评价小组对推广工作进行评价的方式，是推广工作的高级评价。

专家评价的优点：由于专家具有丰富的推广知识和经验，对事物的认识比较全面，评价水平较高，并能较好地进行横向比较，从不同角度对农业推广工作进行透视和剖析，能发现较深层次的问题。

专家评价的缺点：这种方式花费时间较长、费用较高，有时专家碍于情面，不直接指出问题所在。因此，在这种评价活动中要创造中肯、求实的氛围，使专家充分发表意见。

二、农业推广工作评价方法

农业推广工作的评价方法是指评价时所采用的专门技术。评价方法种类很多，需要根据评价对象及评价目的加以选用。总的来说，评价方法可以分为定性法和定量法和综合评价法三大类，各大类中又有很多小类，这里选择以下几种常用的评价方法加以阐述。

1. 定性评价法 定性评价法是指对事物性质进行分析研究的一种方法。在农业推广工作评价中，常常用定性分析方法来评价某一农业推广单位或某一项农业推广工作的开展情况，有利于从整体上把握该单位或该项目推广工作的进展状况。它把评价的内容分解成许多项目，再把每个项目划分为若干等级，并按重要程度设立分值，作为定性评价的指标。例如，在评价农业生产者对推广机构的推广服务是否满意时，可以考虑选择以下几个评价项目（评价指标）：推广人员素质与技能，推广人员服务态度，推广技术项目数量，推广服务的方式方法，推广机构与乡镇、村委会之间的联系以及推广服务取得的经济效益等。对每一个评价指标，评价机构要求每个评价人员打分，然后计算平均分；在实际工作中，通常把定性评价指标和评价等级列在一张表格中，如表 10-4 所示。

2. 定量评价法 农业推广工作的很多内容难以用定性评价方法对具体工作进行原因剖析，因而需要用定量的方法进行评价。农业推广工作定量评价中常用的方法就是比较分析法。

表 10-4　农业推广工作定性评价项目表

评价指标	评价等级				
	满意	比较满意	一般	不太满意	不满意
1. 推广人员的素质与技能	4	3	2	1	0
2. 推广人员的服务态度	4	3	2	1	0
3. 推广技术的项目数量	4	3	2	1	0
4. 推广服务的方式方法	4	3	2	1	0
5. 推广机构与乡镇、村之间的联系	4	3	2	1	0
6. 推广服务的经济效益	4	3	2	1	0

注：请您就表中 6 个方面对农业推广服务的满意程度进行评价，在认为适当的地方打"√"。

资料来源：高启杰，2014. 农业推广学 [M]．北京：中国农业出版社．

　　比较分析法是一种传统的定量评价方法。它一般是将不同空间、不同时间、不同技术项目、不同农业生产者等因素或不同类型的评价指标进行比较。在实际评价过程中，比较分析法通常是将推广的新技术与当地原有的技术进行对比。比较的内容主要是：纵向比较、横向比较、点与面比较等。进行比较分析时，必须注意资料的可比性。例如，进行比较的同类指标的口径、范围、计算方法、计量单位要一致；进行比较的技术、经济及社会现象的性质必须是相同的；进行比较的评价指标的类型必须是相同的。

　　比较分析法包括平行比较分析法和分组比较分析法。平行比较分析法，是把反映不同效果的指标系列并列进行比较，以评定其经济效益的大小，从而便于择优的方法。该方法可用于分析不同技术在相同条件下的经济效益，或者同一技术在不同条件下的经济效益。分组比较分析法，是按照一定标准，将评价对象进行分组并按组计算指标进行技术经济评价的方法。

　　3. 综合评价法　这是一种将不同性质的若干个评价指标转化为同度量的、具有可比性的综合指标进行评价的方法。综合评价的方法主要有以下几种：

　　（1）关键指标法。指根据某一项重要指标的比较对全局做出总评价。

　　（2）综合评分法。指选择若干个重要评价指标，根据评价标准规定计分方法，然后按这些指标的实际完成情况进行打分，根据各项指标的实际总分做出全面评价。

　　（3）加权平均指数法。指选择若干个重要评价指标，将实际完成情况和标准进行比较，计算出个体指数，同时根据重要程度确定每个指标的权重，计算出加权平均数，根据加权平均数值的高低做出评价。

三、农业推广工作评价步骤

农业推广工作评价步骤，也就是农业推广工作的评价程序，它是根据具体农业推广工作的特性而制定的，它反映了评价工作的连续性和有序性。农业推广工作评价主要包括明确评价范围与内容、选择评价标准与指标、确定评价人员、收集评价资料、实施评价工作和编写评价报告六个步骤：

1. 明确评价范围与内容 一个地区或单位的农业推广工作要评价的范围和内容很多，它涉及推广目标、对象、综合管理、方式与方法等各个方面。因此，在特定时期及特定条件下，需要根据评价目的选择其中的某些方面作为重点评价范围与内容。例如，是过程控制评价还是最终结果评价；是评价推广方法的优劣还是评价推广组织机构运行机制的好坏；是评价技术效益还是评价综合效益，是评价教育性农业推广目标的实现程度还是评价经济性及社会性农业推广目标的实现程度等。在评价实践中，通常根据农业推广项目的主要目标，由评价人员对项目实施过程中的一系列影响因素进行分析研究，找出项目工作应当评价的基本目标、主要目标和次要目标，再根据目标确定项目的影响范围。一般情况下，项目评价主要是对项目实施方案和实施结果进行评价，当推广项目结束时，还要对项目进行全面、综合性的评价。

2. 选择评价标准与指标 选择合适的指标来评价项目实施达到的程度，并尽可能使指标量化，就更能表明推广项目实施的具体情况。对于不同的评价内容，需要选择不同的评价标准和指标。对于大多数农业推广项目而言，常用的评价标准是：创新扩散在目标群体中的分布；收入增加、生活水平的改善及其分布情况；推广人员同目标群体之间的联系状况；目标群体对推广项目的反映评价。

对于存在客观评价标准的评价指标，要力求按照已经建立的"国家参数""国家标准"和"行业标准"来进行分析评价。在大多数情况下，需要进行基础调查并将其作为分析的基准，用比较分析的方法对指标进行评价。基础调查涉及项目多方面的内容，在收集、整理历史数据和现实数据的基础上，要对项目发展趋势做出预测，建立评价基准。

3. 确定评价人员 主要包括评价人员数量与类型的选择。评价人员的数量与类型应根据评价的内容和目标而定，应有一定的代表性和鲜明的层次性。一般来说，大型的推广项目或者时间跨度较大的项目，人数应多一些，反之则可少些，一般 7～15 人较为合适。如何选择评价人员的类型在很大程度上取决于要回答的问题，而评价人员的选择反过来又决定选择采用何种方法。评价的目的是为今后更好地开展农业推广工作，如推广人员、咨询专家与实施对象共同参加，有利于建立良好合作的关系，保证农业推广工作顺利开展。因此，在具体选择评价人员时，应当根据评价的目的、范围与内容来权衡各类评价人员的配比，下表可作为决策参考（表10-5）。

表 10-5　各类评价人员的优点和缺点

评价人员来源	优　点	缺　点
推广人员	熟悉情况 愿意接受评价结果 较充分地利用评价信息 与日常工作能较好地结合起来	关于评价方法论的技术有限 与推广工作发生时间冲突 不乐意评价不足之处 不容易深入发现自己工作中的问题
推广对象	从另一个角度看问题 了解自身的情况 能直接评价推广措施 愿意与推广项目合作	表示与推广无关的希望 不能充分表达自己的需求与观点 以不切实际的期望为基础进行评价 突出个人的自我表露
专家	具备有关方法的知识 对问题有深入了解 有足够的机会获得各种信息 能直接为推广人员提供咨询	容易将评价报告写成日常工作报告 较难采纳批评意见 容易使调查及分析工作复杂化 推广人员可能较难接受评价结果
独立的评价机构	能清楚地认识问题 有较好的评价方法 了解很多相关的项目，有助于比较分析	对被评价项目本身的了解不够 由于推广人员有戒备心理，故较难收集信息 容易与推广人员发生意见冲突，调查及评价结果难以为其接受

资料来源：高启杰，2008. 农业推广学［M］.2 版. 北京：中国农业大学出版社.

4. 收集评价资料　收集评价资料是农业推广工作评价的基础性工作，也是根据评价目标收集评价证据的过程。通过实地观察、访问座谈、各种调查（包括问卷调查、重点调查、典型调查、抽样调查）等多种方法，广泛收集农业推广工作评价所需的各种资料，保证评价得以顺利进行。收集评价资料的关键在于要拟订好评价调查设计方案，做到切合实际，满足评价需要，易于操作，便于存档。收集资料涉及的范围和内容一般是：①评价推广的最终成果时，需要了解农业推广项目的产量增减情况、农业生产者收入变化情况、生产者健康、生活环境以及社会安全状况等；②评价技术措施采用状况时，需要了解采用者对农业推广项目的认知、采用者的比例、数量、构成及效果等；③评价知识、技能、态度变化时，需要了解农民知识、技能提高的程度、对采用新技术的要求、学习的态度和紧迫性等；④评价农业推广人员及其活动时，需要了解推广工作过程中推广人员对各种仪器设备的利用情况、各种任务的完成情况、农业推广人员的工作表现和业绩、农业生产者对农业推广人员的反映以及农业推广人员的要求等；⑤评价推广投入时，需要收集推广人员活动所花费的时间、财力、物力以及社会各界为支持推广活动所投入的人、财、物力情况等；⑥评价生态、社会及经济效益时，需要收集社会产品产值总量增减、农民受教育情况、精神文明和社会进步情况、环境改善和生态平衡状况等。

5. 实施评价工作 实施评价就是将收集到的有关评价资料进行加工整理，运用各种评价方法形成评价结论的阶段。此阶段主要在室内完成，虽然时间不长，但任务较重，技术要求高。这一阶段的主要问题在于资料的整理和评价方法的选用。

评价资料的整理是根据研究的目的，将评价资料进行科学的审核、分组和汇总，或对已整理的综合资料进行再加工，为评价分析准备系统、条理清晰的综合资料。资料整理的好坏，直接关系到评价分析的质量和整个评价的结果。资料整理的基本步骤是：①设计评价整理纲要，明确规定各种统计分组和各项汇总指标；②对原始调查资料进行审核和订正；③按整理表格的要求进行分组、汇总和计算；④对整理好的资料进行再审核和订正；⑤编制评价图表或汇编评价资料。

6. 编写评价报告 评价工作的最后一步是审查评价结论，编写评价报告。一般是根据评价人员的意见，由专人起草推广工作评价报告或审查验收意见，以客观、民主、科学的态度，用文字的形式表现出来，从而更好地发挥评价工作对指导农业推广工作实践以及促进信息反馈的作用。目前，世界上很多发达国家都实行了推广评价报告制度。例如，在美国农业推广工作中，对项目进行反应评价后，编写的评价报告作为各级管理者提出增加、维持或者停止资助推广项目意见的依据。在项目的反应评价中，通过记录由参加者认定的在他们参与项目期间所获的结果，得出系统的证据。这是一种建立在证据水平之上的模型，通过使用标准化的询问项目，可以在不需要多少帮助的情况下，广泛使用这种评价报告方法。

🔍 本章小结

➤ 农业推广工作评价是农业推广实施科学管理的有机部分之一，它是依据既定的推广工作目标和一定的评价标准，在充分调查、收集各种资料信息的基础上，运用科学方法，对农业推广工作的各个方面进行观察、检查和考核，从而判断其工作是否达到预定的目标和标准，及时地总结经验和发现问题，不断改进农业推广工作，以提高农业推广工作的效率和水平。农业推广工作评价在农业推广中具有认可、决策、学习、强化责任和增强能力等方面的作用。搞好农业推广工作，要坚持综合效益原则、实事求是的原则、以人为本的原则、可比性原则和因地制宜原则等原则。

➤ 农业推广工作评价指标是农业推广工作评价的标准，是从不同的侧面与层次来考察和衡量评价对象，以提高评价工作的科学性。农业推广工作评价的指标体系有产业政策指标、项目的有效性指标、工作过程指标、工作效果指标、项目工作的影响指标、项目工作的可持续指标、能力建设的贡献指标等。成果推广状况评价指标体系有推广程度指标、推广速度与推广难度指标。真正体现农业推广效益的指标是经济效益指标、社会效益指标和生态效益指标。

➤ 农业推广工作评价方式有自检评价、项目反应评价和专家评价；评价方法有定性评价法、定量评价法和综合评价法。农业推广工作评价步骤是：明确评价范围与内容，选择评价标准与指标，确定评价人员，收集评价资料，实施评价工作，编写评价报告。

即测即评

 复习思考题

一、名词解释题

1. 农业推广工作评价

2. 推广度

3. 推广率

4. 经济临界点

5. 自检评价

6. 专家评价

二、填空题

1. 农业推广工作评价方式有三种：（　　）、（　　）和（　　）。

2. 农业推广工作的评价方法有三种：（　　）、（　　）和（　　）。

3. 农业推广工作定量评价中常用的综合评价法主要有三种：（　　）、（　　）和（　　）。

三、简答题

1. 为什么要对农业推广工作进行评价？

2. 农业推广工作评价的工作过程评价指标有哪些？

3. 简述项目反应评价的优缺点。

参 考 文 献

伯顿·E. 斯旺森，等. 1989. 世界农业推广 [M]. 许无惧，罗泽伟，译. 成都：四川科学技术出版社.

曹万安，2020. 新时期下农业推广的有效措施探究 [J]. 南方农业，14 (32)：116-117.

陈红霞，谢爱萍，2018. 乡村自媒体营销 [M]. 北京：北京邮电大学出版社.

陈玉成，陈晨，2010. 试论农业科技信息开发及推广体系创新模式 [J]. 农业经济 (11)：86-87.

程相法，2018. 农业推广信息服务创新探究 [J]. 农业与技术，38 (14)：153.

董擎辉，2009. 浅谈农业信息传播方式 [J]. 黑龙江农业科学 (1)：150-151.

高启杰，1994. 农业推广模式研究 [M]. 北京：北京农业大学出版社.

高启杰，1997. 现代农业推广学 [M]. 北京：中国科学技术出版社.

高启杰，2003. 农业推广学 [M]. 北京：中国农业大学出版社.

高启杰，2008. 农业推广学 [M]. 2 版. 北京：中国农业大学出版社.

高启杰，2010. 中国农业推广组织体系建设研究 [J]. 科学管理研究，28 (1)：107-111.

高启杰，2014. 农业推广学 [M]. 北京：中国农业出版社.

高启杰，2016. 现代农业推广学 [M]. 北京：高等教育出版社.

高启杰，2018. 农业推广理论与实践 [M]. 2 版. 北京：中国农业大学出版社.

高启杰，2018. 农业推广学 [M]. 4 版. 北京：中国农业大学出版社.

官春云，2015. 农业概论 [M]. 3 版. 北京：中国农业出版社.

李炳坤，2019. 我国农业推广与信息化网络体系结合的创新模式 [J]. 中国集体经济 (12)：23-24.

梁栋，贾昕为，李涛，2020. 乡村振兴战略实施背景下的农业农村信息采集工作分析 [J]. 中国农业资源与区划，41 (10)：165-169.

罗程远，2018. QQ 软件营销之 QQ 群排名优化教程 [M]. 南昌：江西科学技术出版社.

彭新慧，2018. 农业推广的程序与方式 [J]. 农家参谋 (12)：31.

孙素华，孙良军，2021. 抖音＋抖音火山版＋剪映＋多闪 多平台操作与运营全攻略 [M]. 北京：北京邮电大学出版社.

陶佩君，袁伟民，2014. 现代农业视角下我国政府农技推广的再诠释 [J]. 中国农村科技 (12)：64-67.

汪荣康，1998. 农业推广项目管理与评价 [M]. 北京：经济科学出版社.

王慧军，2017. 农业推广学 [M]. 2 版. 北京：中国农业出版社.

王敬华，杨闯，陈江涛，等. 2012. 农业科技成果转化政策与机制研究 [J]. 湖南农业科学 (5)：141-144.

王美娜，程瑞娜，2019. 农业推广方法的选择与应用研究［J］. 乡村科技（13）：48-49.

许无惧，1997. 农业推广学［M］. 北京：经济科学出版社.

于雷霆，2016. 微信公众号营销实战［M］. 北京：北京理工大学出版社.

袁伟民，陶佩君，2017. 我国政府公益性农技推广组织架构优化分析［J］. 科技管理研究，37（22）：109-115.

张进财，2021. 快手营运实战一本通［M］. 北京：人民邮电出版社.

张仲威，1996. 农业推广学［M］. 北京：中国农业科技出版社.

庄瑞，2021. 现代农业信息在农技推广中的应用［J］. 新农业，2021（21）：58-59.

E. M. 罗杰斯，2016. 创新的扩散［M］. 5 版. 唐兴通，郑常青，张延臣，译. 北京：电子工业出版社.

H. 阿尔布列希特，等. 1993. 农业推广［M］. 高启杰，肖辉，吴敬业，译. 北京：北京农业大学出版社.

MEHRABIAN A，FERRIS S R，1967. Inference of attitudes from nonverbal communication in two channels［J］. Journal of Consult Psychol，31（3）：248-252.

ROELING N，1988. Extension Science［M］. Cambridge：Cambridge University Press.

SWANSON B E，1984. Agricultural extension：a reference manual［M］. 2nd ed. Rome：Food and Agriculture Organization of the United Nations.

VANDENBAN A W，HAWKINS H S，1998. Agricultural extension［M］. 2nd ed. New Delhi：CBS Publishers & Distributors.

图书在版编目（CIP）数据

农业推广学/高启杰主编 . —2 版 . —北京：中
国农业出版社，2022.8
普通高等教育农业农村部"十三五"规划教材　全国
高等农林院校"十三五"规划教材　全国高等农业院校优
秀教材
ISBN 978-7-109-29675-6

Ⅰ．①农…　Ⅱ．①高…　Ⅲ．①农业科技推广-高等学
校-教材　Ⅳ．①S3-33

中国版本图书馆 CIP 数据核字（2022）第 117853 号

中国农业出版社出版
地址：北京市朝阳区麦子店街 18 号楼
邮编：100125
责任编辑：夏之翠　　文字编辑：马兰兰
版式设计：杨　婧　　责任校对：吴丽婷
印刷：北京中兴印刷有限公司
版次：2014 年 8 月第 1 版　　2022 年 8 月第 2 版
印次：2022 年 8 月第 2 版北京第 1 次印刷
发行：新华书店北京发行所
开本：720mm×960mm　1/16
印张：14
字数：253 千字
定价：29.80 元
